"现代数学基础丛书"编委会

主　编：席南华

副主编：张伟平　张平文　李　骏

编　委：(以姓氏笔画为序)

　　　　王小云　方复全　叶向东　包　刚

　　　　刘建亚　汤　涛　张　平　陈兵龙

　　　　陈松蹊　范辉军　周　坚　施　展

　　　　袁亚湘　高　速　程　伟

国家科学技术学术著作出版基金资助出版
"十四五"时期国家重点出版物出版专项规划项目
现代数学基础丛书 211

加 乘 数 论

蔡天新　著

科 学 出 版 社
北　京

内 容 简 介

加性数论和乘性数论是数论学科的两个重要分支. 前者有哥德巴赫猜想、孪生素数猜想、华林问题、整数分拆问题、表整数为平方和问题等, 后者有素数定理和狄利克雷定理等.

本书研究的加乘方程是指加性方程和乘性方程联合起来的一类方程, 是作者率先提出的一系列原创数论问题, 它们也是华林问题、费尔马大定理、欧拉猜想、表整数为平方和、同余数、完美数和埃及分数等经典数论问题的变种, 同时衍生出诸如形素数、$abcd$ 方程、加乘同余式等新概念和新问题. 借助于椭圆曲线理论等现代数学工具, 我们得到了一些崭新的结果, 并提出了若干新猜想和新问题. 结论比原来的经典问题简洁漂亮, 但难度却是同等的.

本书不仅对数论研究有较高的理论价值, 而且由于行文的流畅性和内容的可读性, 兼具数学史和数学文化的传播功能.

图书在版编目(CIP)数据

加乘数论 / 蔡天新著. -- 北京：科学出版社, 2025.6. -- (现代数学基础丛书). -- ISBN 978-7-03-082766-1

Ⅰ. O156

中国国家版本馆 CIP 数据核字第 20253TU819 号

责任编辑: 王丽平　李香叶 / 责任校对: 彭珍珍
责任印制: 张　伟 / 封面设计: 陈　敬

科学出版社 出版
北京东黄城根北街 16 号
邮政编码: 100717
www.sciencep.com

北京中科印刷有限公司印刷
科学出版社发行　各地新华书店经销

*

2025 年 6 月第 一 版　开本: 720×1000 1/16
2025 年 6 月第一次印刷　印张: 13 1/2
字数: 270 000
定价: 118.00 元
(如有印装质量问题, 我社负责调换)

"现代数学基础丛书"序

在信息时代，数学是社会发展的一块基石.

由于互联网，现在人们获得数学知识和信息的途径之多和便捷性是以前难以想象的. 另一方面人们通过搜索在互联网获得的数学知识和信息很难做到系统深入，也很难保证在互联网上阅读到的数学知识和信息的质量.

在这样的背景下，高品质的数学书就变得益发重要.

科学出版社组织出版的"现代数学基础丛书"旨在对重要的数学分支和研究方向或专题作系统的介绍，注重基础性和时代性. 丛书的目标读者主要是数学专业的高年级本科生、研究生以及数学教师和科研人员，丛书的部分卷次对其他与数学联系紧密的学科的研究生和学者也是有参考价值的.

本丛书自 1981 年面世以来，已出版 200 卷，介绍的主题广泛，内容精当，在业内享有很高的声誉，深受尊重，对我国的数学人才培养和数学研究发挥了非常重要的作用.

这套丛书已有四十余年的历史，一直得到数学界各方面的大力支持，科学出版社也十分重视，高专业标准编辑丛书的每一卷. 今天，我国的数学水平不论是广度还是深度都已经远远高于四十年前，同时，世界数学的发展也更为迅速，我们对跟上时代步伐的高品质数学书的需求从而更为迫切. 我们诚挚地希望，在大家的支持下，这套丛书能与时俱进，越办越好，为我国数学教育和数学研究的继续发展做出不负期望的重要贡献.

席南华
2024 年 1 月

前　言

> 数学的本质在于它的自由.
> ——乔治·康托尔

一

"大约在 1940 年, 他 (华罗庚) 用八个月时间完成了《堆垒素数论》的写作." 这是数学家王元在《华罗庚传》第五章 "西南联合大学" 中写道的, 当时华罗庚 (1910—1985) 在昆明西南联大数学系任教. 但这本书首次出版是在 1947 年的苏联, 作为斯捷克洛夫数学研究所的第 22 号专著, 而中文版直到 1953 年才由中国科学院出版. 此书的英文版是 1965 年由美国数学会出版的, 此外, 还有德文版、匈牙利文版和日文版. 除了中文版和日文版, 其他语种书名都译成了加性数论, 英文是 *Additive Number Theory*.

堆垒素数论这个术语是华罗庚先生提出的, 对应于数论学科中的加性数论领域, 同时将 "素数" 巧妙地融入其中. 加性数论作为解析数论的重要分支, 它主要研究将整数如何表示为满足特定条件的一些整数的和 (差也属于和的范畴), 即研究整数的表示问题. 例如, 哥德巴赫猜想、孪生素数猜想、华林问题、整数分拆问题、表整数为平方和问题等, 著名的筛法和圆法均为加性数论的重要研究方法. 而所谓的解析数论, 是利用微积分及复分析的方法来研究整数有关的问题, 主要可以分为加性数论和乘性数论两类.

乘性数论又称积性数论, 并非指通常意义的乘法, 而是通过研究乘性生成函数的性质来探讨素数分布问题, 其中最著名的结果当属素数定理和狄利克雷定理, 它们属于这个领域的古典成果. 1967 年, 英国剑桥大学数学家达文波特 (Harold Davenport, 1907—1969) 在芝加哥出版了《乘性数论》(*Multiplicative Number Theory*) 一书. 不幸的是, 两年后他就去世了, 作者看到的是 1980 年出的第二版, 达文波特的学生、美国密歇根大学的蒙哥马利 (Hugh L. Montgomery) 重写了后七章, 由斯普林格出版社出版.

《乘性数论》除讨论素数定理和算术级数上的狄利克雷定理, 还涉及一些素数分布问题、黎曼 ζ 函数和 L 函数的零点分布问题 (含黎曼猜想和广义黎曼猜想)

等. 所用的方法除了 ζ 函数、L 函数、Γ 函数的性质, 还有高斯和、分圆域、狄利克雷类数公式、波利亚–维诺格拉多夫不等式、大筛法、西格尔定理、邦别里中值定理等等. 书后的人名索引里出现了两位中国数学家——华罗庚和陈景润, 其中陈景润的名字自然是与哥德巴赫猜想的研究有关. 事实上, 从乘性数论的定义来看, 哥德巴赫猜想也可以包含其中.

虽说哥德巴赫猜想和孪生素数猜想非常著名, 但加性数论领域最基本的问题却是华林问题. 这是在 1770 年, 由英国数学家华林 (Edward Waring, 约 1736—1798) 提出来的, 他在同年出版的著作《代数沉思》(*Meditationes Algebraicae*) 中包含了法国数学家拉格朗日证明的四平方和定理, 即

> 每一个正整数均可表示成 4 个整数的平方和.

华林进一步断言, 每一个正整数均可表示成 9 个非负整数的立方和、19 个整数的 4 次幂和, 更一般地, 他指出

> 任给正整数 k, 存在正整数 $s = s(k)$, 使得每一个正整数 n 均可表示为 s 个非负整数的 k 次方和, 即
> $$n = x_1^k + x_2^k + \cdots + x_s^k.$$

这便是华林问题, 至今已经超过两个半世纪了. 1909 年, 德国数学家希尔伯特 (David Hilbert, 1862—1943) 给出了肯定的回答和存在性的证明. 之后, 这个结果也被称为希尔伯特–华林定理. 可是, 有关华林问题的研究远没有完成. 值得一提的是, 华林书中也提到了哥德巴赫和欧拉的猜想, 可能是这个猜想有记载的第一次文字表述.

二

让不同年代不同国度的数论学者感兴趣的是, 对于任意大于 1 的正整数 k, 让每个正整数 n 都满足上述条件的最小的 $s = g(k)$ 是什么? 尤其让人感兴趣的是, 对于任意大于 1 的正整数 k, 让充分大的正整数 n 都满足上述条件的最小的 $s = G(k)$ 又是什么?

对于第一个问题, 至今人们的回答只是一个猜想和对这个猜想的数值验证或部分证明; 而对于第二个问题, 虽然经过好多代数学家的共同努力 (他们大多是从事解析数论研究的精英分子), 人们已经获得的结果还只是零星的, 既不连贯也不十分漂亮, 并且看不到问题最后解决的任何希望.

正因为注意到这一点, 我们开始思考, 这样的提法是否值得修正或补充? 一个问题深刻而有难度当然没有错, 但如果结果的呈现不一致、不美观, 就值得我们思

考了. 我们认为, 一个真正好的数学问题应该既深刻、抽象, 同时又是简洁和美丽的. 正是从这一点出发, 我们开始考虑并研究加乘数论, 即把整数的加法方程和乘法方程联合起来.

首先是在 2011 年, 我们定义了新华林问题.

设 k 和 s 为正整数, 考虑丢番图方程

$$n = x_1 + x_2 + \cdots + x_s,$$

其中

$$x_1 x_2 \cdots x_s = x^k. \tag{W}$$

若以 $g'(k)(G'(k))$ 表示最小的正整数 s, 使对任意 (充分大的) 正整数 n, 满足加乘方程 (W) 的条件.

我们发现, 当 n 不是 2, 5 或 11 的素数时, 这个结论都成立. 例如, 3 (1, 1, 1), 7 (1, 2, 4), 13 (1, 3, 9), 17 (1, 8, 8), 19 (4, 6, 9), 等等. 由此, 我们获得了一系列结果, 并证明了 $g'(k) = 2k - 1$, 同时给出了 $G'(k)$ 的多种估计, 并提出了我们的猜想 $G'(k) = k$. 这个结论比原华林问题好看许多, 但难度恐怕是同等的. 如果它真的成立, 那与下文提到的费尔马多角形数定理可以相得益彰.

与此同时, 我们介绍了波兰数学家安杰伊·辛策尔提出并研究过的一个问题. 1996 年, 他证明了:

加乘方程

$$x_1 + x_2 + x_3 = x_1 x_2 x_3 = 6$$

有无穷多组正有理数解.

显然, (1, 2, 3) 是满足上述方程的一个解. 这个方程不属于华林问题, 却也是加性方程和乘性方程的组合. 我们以多种形式将其推广到任意多个变量的情形, 运用椭圆曲线的有关理论, 证明了无穷多组解的存在性定理, 并给出若干例子和求解的方法.

关于新华林问题, 虽然我们的上述猜想提出已经十多年, 仍没有人能够证明或举出反例, 但是, 却幸运地得到了英国数学家、菲尔兹奖得主阿兰·贝克和德国数学家、哥廷根大学教授普兰达·米哈伊莱斯库等同行的关注. 贝克是华林问题专家, 他在给作者的信中赞扬我们的工作是对华林问题 "真正原创性的贡献". 普兰达·米哈伊莱斯库则在为《欧洲数学会通讯》撰写的关于 abc 猜想的综述文章中对加乘方程专节予以陈述, 并称其为 "阴阳方程".

三

在前辈和同行的鼓励下, 我们把加乘方程的想法应用于其他多个经典数论问题. 先是在 2012 年, 作者提出了新费尔马问题, 即考虑方程

$$\begin{cases} A+B=C, \\ ABC=x^n \end{cases} \tag{F}$$

的正整数解. 设 $d = \gcd(A, B, C)$, 当 $d = 1$ 时, 方程 (F) 等同于费尔马大定理, 即

$$x^n + y^n = z^n, \quad n \geqslant 3.$$

也就是说, 当 $n \geqslant 3$ 时, 方程 (F) 无正整数解. 值得一提的是, 费尔马本人和欧拉分别在 1637 年和 1753 年证明了 $n=4$ 和 $n=3$ 时费尔马大定理成立, 两者相隔了 116 年.

当 $d > 1$ 时, 方程 (F) 有时是有解的. 例如 $n = 4$ 时, 我们找到了 4 个解, 即

$$(2, 2, 4), \quad (5, 400, 405), \quad (17, 272, 289)$$

$$(47927607119, 1631432881, 49559040000),$$

它们的共同点是 $d = 2, 5, 17, 239$ 均为素数. 我们给出一些肯定或否定的结论和解答. 例如, 若 $d = p^k, k \geqslant 1$, 则当 $n = 4$, $p \equiv 3 \pmod{8}$ 时, 方程 (F) 无正整数解; 当 $n = 5$, $p \not\equiv 1 \pmod{10}$ 时, 方程 (F) 无正整数解.

与此同时, 我们也考虑了虚二次域上的情形, 得到了以下结论.

命题 若 t 为不等于 $0, -1$ 的无平方因子整数, 且使得椭圆曲线

$$tu^2 = 1 + 4k^3$$

有非零有理数解 (u, k), 则当 $n = 3$ 时, 方程 (F) 在二次域 $Q(\sqrt{t})$ 上有无穷多组非零解 (A, B, C, x).

此外, 我们也提出了若干猜想, 其中之一是如下猜想.

猜想 若 $\gcd(A, B, C) = p$ 是素数, n 是奇素数, 则方程组 (F) 无正整数解. 若 $\gcd(A, B, C) = p^k, k \geqslant 1, n$ 是奇素数, 则当 $p \not\equiv 1 \pmod{2n}$ 时, 方程 (F) 无正整数解.

值得一提的是, 假如 abc 猜想成立, 则上述猜想对固定的 p 和充分大的 n 是真的, 此处 n 无需是素数. 但是, 我们却无法证明上述猜想.

四

随后, 我们研究了欧拉猜想. 1769 年, 从柏林返回圣彼得堡的欧拉提出了一个猜想, 试图把费尔马大定理推广到多元, 即

欧拉猜想 对于任意正整数 $s \geqslant 3$, 方程

$$a_1^s + a_2^s + \cdots + a_{s-1}^s = a_s^s \tag{E1}$$

无正整数解.

当 $s = 3$ 时, 此即费尔马大定理的特殊情形, 故而猜想自然成立. 当 $s > 3$ 时, 情况却并非如此. 这是一个后来被推翻的猜想, 但它依旧吸引着许许多多的数论工作者去寻找解答或枚举反例, 正如费尔马素数猜想被否定以后, 人们依然执着于寻找费尔马合数的素因子或分解费尔马合数一样.

1988 年, 哈佛大学的 N. Elkies (埃尔基斯) 利用椭圆曲线方法, 给出了 $s = 4$ 时欧拉猜想的无穷多个反例, 其中之一是

$$2682440^4 + 15365639^4 + 18796760^4 = 20615673^4.$$

我们将在第 3 章介绍 Elkies 的论证, 同时也介绍美国物理学家 Lee W. Jacobi (雅可比) 和数学家 Daniel J. Madden 的一项工作, 他们在 2008 年研究了 $s = 4$ 的情形, 证明了下列带有线性项限制的欧拉方程

$$a^4 + b^4 + c^4 + d^4 = (a + b + c + d)^4,$$

他们证明上述方程有无穷多组非零整数解.

2012 年, 作者受新华林问题的启发, 提出了下列丢番图方程组

$$\begin{cases} n = a_1 + a_2 + \cdots + a_{s-1}, \\ a_1 a_2 \cdots a_{s-1}(a_1 + a_2 + \cdots + a_{s-1}) = b^s \end{cases} \tag{E2}$$

的求解问题, 其中 $s \geqslant 3$, n, a_i $(i = 1, 2, \cdots, s - 1)$, b 均为正整数.

这也是加乘方程的一种形式. 显而易见, 从 (E1) 的一个解, 必定可以得出 (E2) 的一个解, 只需取

$$n = a_s^s, \quad a_1 = a_1^s, \cdots, a_{s-1} = a_{s-1}^s.$$

我们利用椭圆曲线理论, 依次得到了几个漂亮的结果. 特别地, 我们证明了对于 $s = 3$ 和任意正整数 n, 加乘方程

$$\begin{cases} n = a_1 + a_2, \\ a_1 a_2 (a_1 + a_2) = b^3 \end{cases}$$

无正整数解.

由此即可推出, 费尔马大定理在 $n=3$ 时成立, 这个证明比起欧拉的证明要简洁许多. 后者利用了无穷递降法、虚二次域的整数环上的唯一因子分解定理以及同余理论的性质.

一般地, 设 p 是任意奇素数, 考虑方程

$$\begin{cases} n = a_1 + a_2, \\ a_1^{\frac{p-1}{2}} a_2^{\frac{p-1}{2}} (a_1 + a_2) = b^p, \end{cases}$$

经过变换, 可以把上述第二个公式转化为

$$u^{\frac{p-1}{2}}(u+1) = \nu^p.$$

猜想 上述方程除了平凡解 $(0,0)$ 和 $(-1,0)$ 以外, 无其他有理数解.

如果能证明这个猜想, 则可轻松推出费尔马大定理.

五

接下来, 我们讨论了整数表平方和问题. 对于模 4 余 1 的素数, 是可以唯一表示成两个正整数的平方和的, 我们用四种不同的方法予以证明, 其中一种是构造性的. 随后, 我们证明了拉格朗日的 4 平方和定理和高斯的 3 平方和定理, 它们分别在 1770 年和 1796 年得到了证明.

高斯定理 除非形如 $4^k(8n+7)$, 任意正整数均可以表示成 3 个整数的平方和.

特别地, $8n+3$ 型的整数无法表示成 3 个整数的平方和. 由此, 高斯轻松地证明了以下费尔马多角形数定理 (猜想) 在 $n=3$ 时成立, 这个猜想说的是:

费尔马多角形数定理 当 $n \geqslant 3$ 时, 每个正整数均可表示成不超过 n 个 n 角形数之和.

当 $n=4$ 时, 此即拉格朗日 4 平方和定理. 再一次, $n=4$ 的证明走在 $n=3$ 之前.

对于 $n=3$ 的情形, 我们介绍的是 N. C. Ankeny 的证明. 为此, 我们需要利用算术级数上的狄利克雷定理和下列有关数的几何的闵可夫斯基引理.

引理 n 维空间中任何关于原点对称且体积大于 2^n 的凸区域内都包含一个坐标皆为整数且不全为零的点.

1752 年, 欧拉在写给德国数学家哥德巴赫的信中问道

$$n^2+1 \text{ 型素数是否有无穷多个?}$$

这是一个非常困难的问题, 至今没有人能够解答.

前言

2016 年, 我们发现了 n^2+1 为素数的一个充要条件, 即加乘方程

$$\begin{cases} n = a + 2b, \\ ab = \begin{pmatrix} c \\ 2 \end{pmatrix} \end{cases}$$

有正整数解当且仅当 n^2+1 为合数.

类似地, 我们还得到了加乘方程

$$\begin{cases} n = a + b, \\ ab = \begin{pmatrix} c \\ 2 \end{pmatrix} \end{cases}$$

有正整数解当且仅当 $2n^2+1$ 是合数.

2018 年, 我们把上述方程进一步拓展为

$$\begin{cases} n = a + b, \\ ab = tP(m, c), \end{cases} \tag{CZ}$$

其中 a, b 和 t 均为正整数, $P(m, c) = \dfrac{c}{2}\{(m-2)c - (m-4)\}$ 为第 c 个 m 角形数.

设 $r_{m,t}(n)$ 表示方程 (CZ) 的解数, 我们研究了 $r_{m,t}(n) = 0$ 的情形, 即方程 (CZ) 无解的条件. 特别地, 考虑 $r_{5,1}(n) = 0$, 即

$$\begin{cases} n = a + b, \\ ab = P(5, c) = \dfrac{1}{2}c(3c-1) \end{cases}$$

无解的情形, 我们证明了其充要条件是 $6n^2+1$ 为素数.

此外, 我们还得到了一系列相似的结论, 例如 ($\mathbb{P}$ 表示素数的集合, $n\mathbb{P}$ 表示形如 np 的数的集合, 其中 p 是素数)

$$r_{7,1}(n) = 0 \Leftrightarrow 10n^2 + 9 \in \mathbb{P} \cup 9\mathbb{P},$$

$$r_{3,2}(n) = 0 \Leftrightarrow n^2 + 1 \in \mathbb{P},$$

$$r_{8,2}(n) = 0 \Leftrightarrow 3n^2 + 8 \in \mathbb{P} \cup 4\mathbb{P} \cup 8\mathbb{P}.$$

一般地, 我们有

命题 如果 $2(m-2)n^2 + t(m-4)^2$ 是素数, 则方程 (CZ) 无解.

六

1742年，从圣彼得堡科学院转任柏林科学院不久的欧拉，在给已赴莫斯科、于外交部任职的哥德巴赫的一封回信中指出

任何一个大于 4 的偶数均可表示成 2 个奇素数的和.

在此以前，哥德巴赫写信给欧拉，告之自己的发现，即每个大于或等于 9 的奇数均可表示成 3 个奇素数之和. 不难看出，欧拉的猜想可以直接导出哥德巴赫的猜想，后人统称它们为哥德巴赫猜想.

到目前为止，哥德巴赫猜想尚未被证明. 最接近的结果是由中国数学家陈景润在 1966 年得到的，他证明了：每个充分大的偶数均可以表示成一个奇素数和另一个素因子不超过 2 个的奇数之和. 陈景润采用一种新的加权筛法，这是古老的埃拉托色尼筛法的变种. 另一方面，早在 1937 年，苏联数学家维诺格拉多夫利用圆法证明了，每个充分大的奇数都是 3 个奇素数之和.

我们考虑到，素数是整数按乘法分解时的因子，用它来构建加法并非其所长. 况且偶数和奇数分别是两个素数和三个素数之和，也不够一致和美观. 再者，随着 n 的增大，它表示成素数之和的表法数逐渐增大，趋于无穷，颇有些浪费了. 这些应该是哥德巴赫猜想的缺憾，考虑到这一点，我们利用计算机经过反复试验和探索，赋予二项式系数新的意义，定义了下列形素数

$$\binom{p^i}{j},$$

其中 p 为素数，$p^i \geqslant j$，i 和 j 为正整数. 这个集合包含了 1、全体素数和它们的幂次，偶数相对较少但仍有无穷多个. 可以看出，形素数兼具素数和形数的特性，其个数在无穷意义上与素数个数是等价的.

我们有 (已验证至 10^7)

猜想 任何大于 1 的整数均可表为两个形素数之和.

此外，我们还得到了其他一些结论和猜想. 假如把 1 和平凡的情形 (二项式系数的对称性) 排除在外，则有一个看似简单却仍难以证明的猜想：

猜想 形素数是不同的.

1900 年，希尔伯特在巴黎国际数学家大会上提出了 23 个数学问题，其中的第 8 个问题无疑是最重要的，包含了哥德巴赫猜想、孪生素数猜想和黎曼猜想. 他在结尾处说了一段话：

"对于黎曼素数公式 (即黎曼猜想) 进行彻底讨论之后，我们或许就能够严格地解决哥德巴赫问题，即是否每个偶数都能表为两个素数

前言

之和, 并且能够进一步着手解决是否存在无穷多对差为 2 的素数问题, 甚至能够解决更一般的问题, 即线性丢番图方程

$$ax + by + c = 0, \quad (a,b) = 1$$

是否总有素数解 x 和 y."

一直以来, 关于希尔伯特提到的上述线性丢番图方程问题并没有任何具体的问题或猜想. 而在引入形素数的概念以后, 我们试图让希尔伯特的线性丢番图方程有明确的意义, 同时把哥德巴赫猜想和孪生素数猜想包含其中. 经过计算机检验, 我们有下列猜想, 其中后半部分利用丢番图方程的性质, 可由辛策尔假设推出:

猜想 设 a 和 b 为任意给定的正整数, $(a,b) = 1$, 则只要 $n > (a-1)(b-1)+1$, 方程

$$ax + by = n$$

恒有形素数解 (x,y); 而如果 $n \equiv a + b \pmod{2}$, 则方程

$$ax - by = n$$

恒有无穷多组素数解 (x,y).

随后, 我们回顾并探讨了最古老的完美数问题, 提出了平方完美数问题, 使之与 13 世纪的斐波那契序列中的孪生素数对一一对应, 正如欧拉证明了偶完美数与 17 世纪的梅森素数一一对应一样. 这也可以看成是加乘数论的问题, 加性是显然的, 乘性则表现在除数因子或除数平方求和. 为此作者已撰写了一本书《完美数与斐波那契序列》, 从中摘取一小部分.

七

最后, 我们要在第 6 章探讨 $abcd$ 方程、新同余数问题和加乘同余式等问题. 2013 年初, 作者定义了下列所谓的 $abcd$ 方程 (命名受到了 abc 猜想的启发).

定义 设 n 是正整数, a, b, c, d 是正有理数, 所谓 $abcd$ 方程是指

$$n = (a+b)(c+d), \tag{C1}$$

其中

$$abcd = 1.$$

由算术–几何不等式可知

$$(a+b)(c+d) \geqslant 2\sqrt{ab} \times 2\sqrt{cd} = 4,$$

故当 $n=1,2$ 或 3 时方程 (C1) 无解. 另一方面,

$$4 = (1+1)(1+1), \quad 5 = (1+1)\left(2+\frac{1}{2}\right).$$

4 的解的唯一性是显然的, 5 的解的唯一性则需要用椭圆曲线理论来证明. 至于 $n \geqslant 6$, 我们有下列结果.

当 $n \geqslant 6$ 时, 若 $abcd$ 方程有正有理数解, 则必有无穷多组有理数解;

方程 $13 = x + \dfrac{1}{x} + y + \dfrac{1}{y}$ 有无穷多个正有理数解.

我们给出了 $abcd$ 方程有解的若干充要条件和猜想, 由此可知存在无穷多个 n, 使 $abcd$ 方程无解. 与此同时, 我们也考虑了下列方程

$$n = \left(a + \frac{1}{a}\right)\left(b + \frac{1}{b}\right). \tag{C2}$$

此处 a 和 b 均是正整数. 显然, 若上述方程有解, 则 $abcd$ 方程必有解. 我们证明了如下结论.

命题 当且仅当 $n = F_{2k-3}F_{2k+3}$ ($k \geqslant 0$) 时, 方程 (C2) 有解, 且其解为

$$(a,b) = (F_{2k-1}, F_{2k+1}).$$

由此可知, 存在无穷多个 n (4, 5, 13, 68, 445, 3029, 20740, $\cdots$), 使得 $abcd$ 方程有解.

但仍有无穷多个 n, 我们无法确定 $abcd$ 方程是否有解, 看起来有点像是同余数问题. 这是本书最具原创性的问题之一, 其研究方法可谓精妙而丰富, 且难度无法估量. 无论对其有解性的判断, 还是有解时解的个数和结构, 都是值得研究的问题.

八

接下来, 我们探讨古老的同余数问题, 这个问题可能源于阿拉伯地区, 至少在 10—11 世纪巴格达的数学家兼工程师凯拉吉曾研究过. 同余数是指这样一个正整数 n, 它是一个三条边的边长均为有理数的直角三角形的面积. 例如, 6 是同余数, 它是边长为 (3, 4, 5) 的直角三角形的面积.

所谓同余数问题说的是, "寻求一个简单的判别法则, 以便决定一个正整数是否是同余数". 显然, 对任意正整数 m 和 n, $m^2 n$ 是同余数当且仅当 n 是同余数. 故而, 我们只需考虑无平方因子的正整数.

13 世纪, 意大利数学家斐波那契证明了 5 是一个同余数, 它对应的边长为 $\left(\frac{3}{2}, \frac{20}{3}, \frac{41}{6}\right)$. 斐波那契还断言, 1 不是同余数, 可惜他的证明有误. 4 个世纪以后, 费尔马给出了正确的证明. 这个结果也导致了指数为 $n = 4$ 时费尔马大定理成立, 那是费尔马生前难得给出的证明. 由此可知, 所有的平方数均不是同余数. 18 世纪, 欧拉证明 7 是同余数.

原本, n 为同余数的充要条件是方程组

$$\begin{cases} a^2 + b^2 = c^2, \\ \frac{1}{2} ab = n \end{cases}$$

有正有理数解 (a, b, c).

20 世纪后半叶, 数学家们发现, 同余数问题和费尔马大定理一样, 与椭圆曲线有着密切的关联. 事实上, 它对应的椭圆曲线方程为

$$y^2 = x^3 - n^2 x.$$

利用椭圆曲线理论可以证明:

当素数 $p \equiv 3 \pmod 8$ 时, p 不是同余数, 而 $2p$ 是同余数;

当素数 $p \equiv 5 \pmod 8$ 时, p 是同余数;

当素数 $p \equiv 7 \pmod 8$ 时, p 和 $2p$ 都是同余数.

上述第二个结果是 1952 年由德国无线电工程师黑格纳得到的, 他率先证明了: 存在无穷多个无平方因子的同余数. 2014 年, 田野证明了: 任给正整数 k, 在模 8 余 5, 6 或 7 的任意一个剩余类中, 存在无穷多个无平方因子的素因子个数为 k 的同余数. 2017 年, 田野、袁新意和张寿武给出了模 8 余 5, 6 或 7 的正整数 n 是同余数的若干充要条件, 他们相信这些结果可以导出正密度.

另一方面, 依照戈德菲尔德猜想, 同余数和非同余数各占一半. 确切地说, 几乎所有模 8 余 5, 6, 7 的正整数都是同余数, 几乎所有模 8 余 1, 2, 3 的数都不是同余数. 而在 BSD 猜想假设下, 已证明模 8 余 5, 6 或 7 的正整数一定是同余数. 其他形式的同余数中最小的是 34, 其边长为 $\left(\frac{225}{30}, \frac{272}{30}, \frac{353}{30}\right)$; 模 8 余 1 和余 3 的最小同余数分别是 41 $\left(\frac{40}{3}, \frac{123}{20}, \frac{881}{60}\right)$ 和 219 $\left(\frac{55}{4}, \frac{1752}{55}, \frac{7633}{220}\right)$.

利用加乘方程的思想, 我们提出了同余数问题的一个变种. 我们注意到, 同余数问题所依赖的直角三角形是直角梯形的特殊情况. 于是, 我们把同余数定义中的直角三角形改为直角梯形, 分三种情形来考虑:

(1) 同余整数, 此时 n 和上底 d 均为正整数;

(2) k 同余数, 此时下底和上底之比 k 为正整数;

(3) d 同余数, 此时上底 d 为非负整数.

可以推导出, k 同余数和 d 同余数所对应的椭圆曲线分别为

$$E_{n,k}: y^2 = x^3 - (k^2-1)n^2 x,$$

$$E_{n,d}: y^2 = x^3 - \frac{3n^2+d^4}{3}x + \frac{(9n^2+2d^4)d^2}{27}.$$

当 $k=1$ 或 $d=0$ 时, 上述椭圆曲线就成为一般的同余数的椭圆曲线.

不难证明, 几乎所有正整数都是同余整数. 更进一步, 我们用分析方法和素数定理证明了

设 $f(x)$ 表示不超过 x 的非同余整数的个数, 则

$$f(x) \sim \frac{cx}{\log x},$$

其中 $c = 1 + \ln 2$.

利用椭圆曲线理论, 我们证明了:

每个正整数均为某个 k 同余数;

每个正整数均为某个 d 同余数.

同时, 我们也提出了下列猜想:

猜想 对于任意正整数 n, 存在无穷多个正整数 k, 使得 n 是 k 同余数.

之后, 我们要讨论的是加乘同余式, 这是作者在 2022 年春天提出来的, 显然它受加乘方程的启发. 设 p 是奇素数, 考虑使下列任何一个同余方程有解的 n 的和或积在模 p 意义下的同余性质:

$$n \equiv a+b \equiv ab \pmod{p}, \tag{D1}$$

$$n \equiv a-b \equiv ab \pmod{p}. \tag{D2}$$

不难证明 $n=1$ 时 (D1) 有解的充要条件是 p 可表示为 x^2+3y^2, 而 (D2) 有解的充要条件是 p 可表示为 $5x^2-y^2$.

令整数集合

$$S_+ = \{n \in Z_p^* | n \equiv a+b \equiv ab \pmod{p}\},$$

$$S_- = \{n \in Z_p^* | n \equiv a-b \equiv ab \pmod{p}\},$$

这里 Z_p^* 表示模 p 的简化剩余类. 我们研究了 S_+, S_- 中元素的乘积的模 p 意义下的同余与幂和的同余, 分别得到了

$$\prod_{n\in S_+} n \equiv -2 \pmod{p},$$

$$\sum_{n\in S_+} n^k \equiv \begin{cases} 2^{2s-1} - \dfrac{1}{2}\binom{2s}{s} \pmod{p}, & s \neq 0, \\ \dfrac{p-1}{2} \pmod{p}, & s = 0, \end{cases}$$

这里 $0 \leqslant s < p-1, s \equiv k \pmod{p-1}$. 特别地, 当 $n = -1$ 和 -2 时, 利用费尔马小定理, 可得

$$\sum_{n\in S_+} \frac{1}{n} \equiv \frac{1}{8} \pmod{p}, \quad p > 3,$$

$$\sum_{n\in S_+} \frac{1}{n^2} \equiv \frac{1}{32} \pmod{p}, \quad p > 5.$$

它们是威尔逊定理和荷尔斯泰荷姆定理的类比.

进一步, 设 R 表示模 p 的二次剩余集合, N 表示模 p 的二次非剩余集合, 我们证明了

$$|S_+ \cap R| = \frac{1}{4}\left(p - \left(\frac{-1}{p}\right)\right),$$

$$|S_+ \cap N| = \frac{1}{4}\left(p - 2 + \left(\frac{-1}{p}\right)\right),$$

$$\prod_{n\in S_+\cap R} n \equiv \frac{3}{2} - \frac{5}{2}\left(\frac{-1}{p}\right) \pmod{p},$$

$$\sum_{n\in S_+\cap R} n^k \equiv \begin{cases} -\dfrac{1}{4}\left(\dfrac{-1}{p}\right) \pmod{p}, & s = 0, \\ 2^{2s-1} - \dfrac{1}{4}\binom{2s}{s} \pmod{p}, & 0 < s < \dfrac{p-1}{2}, \\ 2^{2s-1} - \dfrac{1}{4}\left(\binom{2s}{s} + 2\binom{2s}{s-\dfrac{p-1}{2}}\right) \pmod{p}, & \dfrac{p-1}{2} \leqslant s < p-1. \end{cases}$$

若把 S_+ 替换为 S_-, 我们可以得到类似的 4 个同余式.

考虑组合数学里著名的阿达马猜想, 即对 4 的倍数 n, 存在 n 阶阿达马矩阵. 此处阿达马矩阵是 n 阶方阵, 它的元素 $a_{ij} = \pm 1$, 且各行列之间两两正交. 以往构造阿达马矩阵的主要方法是利用英国数学家雷蒙德·佩利于 1933 年发明的由

二次剩余的勒让德符号设计构成的矩阵. 但是, 仍有无穷多个 4 的倍数, 我们无法确定阿达马猜想的真伪, 其中最小的一个是 668. 由于 S_+ 和 S_- 的元素个数与 R 和 N 一样均为 $\dfrac{p-1}{2}$, 我们或许可以用它们来设计构造新的阿达马矩阵, 来完成阿达马猜想的最后证明.

至于加乘方程的其他应用, 例如, 与著名的埃及分数相关的埃尔德什-斯特劳斯猜想和席宾斯基猜想, 本书也有讨论. 原本, 这两个猜想的难度不相上下, 至少均是难以判定的. 可是, 利用加乘方程的思想分解以后, 我们发现这两个猜想的变种中一个是显然成立的, 而另一个仍然悬而未决. 换句话说, 问题的难度立刻有了高低之分.

作　者

2025 年 3 月, 杭州莲花街

目 录

"现代数学基础丛书"序
前言
第 1 章 新华林问题 · 1
   1.1 问题的缘起 · 1
   1.2 华林问题的变种 · 7
   1.3 定理的证明 · 11
   1.4 和积相同的 n 元数组 · 16
   参考文献 · 24
第 2 章 新费尔马问题 · 26
   2.1 费尔马大定理 · 26
   2.2 新费尔马问题 · 34
   2.3 其他数域的情形 · 41
   2.4 一种新的尝试 · 44
   参考文献 · 47
第 3 章 欧拉猜想 · 49
   3.1 被证伪的猜想 · 49
   3.2 Elkies 的无穷多反例 · 54
   3.3 带线性项的欧拉方程 · 59
   3.4 欧拉猜想的变种 · 63
   参考文献 · 73
第 4 章 表整数为平方和 · 75
   4.1 表整数为平方和的介绍 · 75
   4.2 4 平方和定理 · 82
   4.3 3 平方和定理 · 88
   4.4 乘积为多角形数 · 92

参考文献 · 100

第 5 章　形素数和 F 完美数 · 102
   5.1　形素数的引入 · 102
   5.2　皮莱猜想的推广 · 106
   5.3　F 完美数问题 · 112
   5.4　S 完美数 · 120
   参考文献 · 128

第 6 章　$abcd$ 方程与新同余数 · 129
   6.1　$abcd$ 方程 · 129
   6.2　有理点的构成 · 134
   6.3　一个古老的问题 · 138
   6.4　新同余数 · 148
   参考文献 · 153

第 7 章　加乘同余及其他 · 154
   7.1　加乘同余式 · 154
   7.2　一个对偶问题 · 163
   7.3　卡塔兰猜想 · 171
   7.4　新埃及分数 · 179
   参考文献 · 183

"现代数学基础丛书"已出版书目 · 185

第 1 章 新华林问题

凡是我们的头脑能够理解的，彼此都是相互关联的.

——莱昂哈德·欧拉

1.1 问题的缘起

大约在 1736 年，华林 (图 1.1) 出生在伯明翰西部什罗普郡，该郡西接威尔士，是英格兰人口最稀疏的地区之一. 与牛顿相似，华林也是农庄主的长子，后来作为减费生进入剑桥大学莫德林学院. 华林很快就表现出数学方面的超常天赋，1757 年，他以第一名的成绩获得学士学位并留校任教，两年以后他被任命为著名的卢卡斯讲座教授，这是牛顿曾担任过的职位.

图 1.1　英国数学家华林

因为华林太过年轻，也尚未获得硕士学位 (通常被认为是必要的)，圣约翰学院院长反对授予他卢卡斯讲座教授职位，但华林的法学家朋友约翰·威尔逊支持了他. 三年以后，华林入选英国皇家学会，但他于 1795 年退出了学会，理由是 "年纪大了"，他是德国哥廷根科学院和意大利博洛尼亚科学院的院士. 1767 年，华林获得医学博士学位，并曾进行人体解剖，但他的行医生涯不太成功，且十分短暂.

在《代数沉思》这部著作中，华林记录了他的法学家朋友约翰·威尔逊提出的一个猜想，即

设 p 是任意素数，　$(p-1)! \equiv -1 (\mathrm{mod} p)$.

对此华林没能给予证明, 不过当年, 与华林同龄、客居柏林的意大利裔法国数学家拉格朗日 (Joseph Louis Lagrange, 1736—1813) 便给出了证明, 史称威尔逊定理 (图 1.2). 1801 年, 威尔逊定理被德国数学王子高斯 (Carl Friedrich Gauss, 1777—1855) 从素数模推广到一般正整数模 (高斯定理).

也是在 1770 年, 拉格朗日还证明了

每一个正整数均可以表示成 4 个整数的平方和.

图 1.2   意大利出生的法国数学家拉格朗日

后世称之为 "拉格朗日 4 平方和定理", 恰好给出了本章要介绍的华林问题 $k=2$ 时的完美解答. 但从古希腊数学家丢番图 (Diophantus, 活跃时期在公元 250 年前后) 的著作《算术》所举的例子来看, 他很可能已经知道这个结论了. 而这个猜测的正式提出者是法国数学家、诗人、神学家巴歇 (Bachet, 1581—1638), 他是《算术》拉丁文版 (1621) 的译者.

巴切特的译本至少是《算术》的第三个拉丁文译本了, 是他自费出版的, 从中融入了个人的一些观察和注记. 特别地, 巴切特验算了不超过 120 的正整数, 它们均可以表示成 4 个整数的平方和. 与欧几里得的《几何原本》一样, 《算术》也有 13 卷.

有着 "业余数学家之王" 美称的法国数学家费尔马 (Fermat, 1601—1665) 拥有的丢番图《算术》正是巴切特的译本, 显然, 它只有前 6 卷. 据说那是在 1621 年, 20 岁的费尔马在巴黎购买的. 费尔马在该书页边写下的第 18 条评注中, 声称对此猜想 (就像对费尔马大定理等结论一样) 已有证明.

除了在《算术》一书空白处做注记以外, 费尔马还把他的研究结果写信告诉给一些同行. 例如, 费尔马在给同胞数学家、物理学家罗伯瓦尔 (de Roberval, 1602—1675) 的信中提到, 上述猜想的证明是挺难的, 他最终得以克服这些困难是利用了自己发明的无穷递降法.

遗憾的是, 人们始终没有找到费尔马的证明, 即便是后来对费尔马研究过的问题逐一探究的瑞士数学家欧拉 (Euler, 1707—1783), 也没有能够给予证明. 事实上, 费尔马的第 18 条评注最后形成的是下列更强的定理.

费尔马多角形数定理 当 $n \geqslant 3$ 时, 每个自然数均可表示成不超过 n 个 n 角形数之和.

这里的 n 角形数 (n-gonal number) 是如图描绘的正 n 角形数的黑点的个数, 它们属于形数的一种. 形数 (figurate number) 是指可以排列成某种形状的数, 毕达哥拉斯学派研究数的概念时, 喜欢把数描绘成沙滩上的小石子. 小石子能构成不同的几何图形, 于是就产生了一系列的形数.

例如, 1, 3, 6, 10, 21, · · · 为三角形数, 即二项式系数

$$\binom{m+1}{2} = \frac{m(m+1)}{2}, \quad m \geqslant 1.$$

特别地, 保龄球的木瓶和斯诺克的目标球的排列形式是三角形, 它们的个数分别是 10 和 21. 又如, 四角形数 1, 4, 9, 16, 25, · · · 为平方数. 一般地, n 角形数的通项为

$$\frac{m}{2}[(n-2)m - (n-4)], \quad m \geqslant 1.$$

费尔马在评注里提到, 上述命题显示了数论的神秘和深刻, 他还说自己打算为此写一本书, 却没有动笔. 一个世纪以后, 当欧拉读到这个评注时颇为激动, 同时也为费尔马没有留下任何证明而遗憾. 可以说, 是费尔马把这个古老的数学游戏提升成问题. 从那以后, 欧拉成为费尔马在数论领域的继承人, 他对费尔马的诸多断言都进行了论证, 包括上述同余理论的费尔马-欧拉定理, 但他对 n 角形数的问题却未能给出答案.

直到 1770 年, 拉格朗日在欧拉工作的基础上, 最后证明了 $n=4$ 的情形, 即巴切特猜想或 4 平方和定理. 此时, 拉格朗日从都灵来到柏林接替返回圣彼得堡的欧拉工作已经四年. $n=3$ 的证明是由高斯在 1796 年给出的, 那会儿他才是 19 岁的少年. 至于一般情形, 则是由法国数学家柯西 (Augustin-Louis Cauchy, 1789—1857) 于 1813 年证明的, 那一年拉格朗日去世了 (图 1.3).

对于 $n=3$ 这个少年之作, 高斯在笔记本上写下它的时候, 在旁边注上 Eureka! (找到了!) 那是古希腊数学家阿基米德 (Archimedes, 公元前 287—前 212) 发现浮体定律时说过的话, 由此可见高斯自己十分看重. 对于有些数论问题来说, $n=3$ 通常比 $n=4$ 的情形要难, 比如费尔马大定理, 也是 $n=4$ 证明在先 (费尔马, 1637), $n=3$ 在后 (欧拉, 1753). 欧拉是在客居柏林期间, 写给德国数学家哥德巴赫 (Christian Goldbach, 1690—1764) 的信中宣布这一成果的.

图 1.3　柯西塑像, 作者摄于巴黎高等师范学校

高斯首先证明, 形如 $8n+3$ 形的正整数均可以表示成三个整数的平方和. 然后, 假设 $8n+3 = a^2+b^2+c^2$, 易知 a, b 和 c 必全为奇数, 令 $a = 2x-1, b = 2y-1, c = 2z-1$, 由代数恒等式

$$\frac{(2x-1)^2+(2y-1)^2+(2z-1)^2-3}{8} = \frac{x(x-1)}{2} + \frac{y(y-1)}{2} + \frac{z(z-1)}{2},$$

即得

$$n = \frac{x(x-1)}{2} + \frac{y(y-1)}{2} + \frac{z(z-1)}{2} = \binom{x}{2} + \binom{y}{2} + \binom{z}{2}.$$

对于 $n=4$ 的情形, 德国数学家雅可比 (Carl Gustar Jacobi, 1804—1851) 在 1828 年给出了一个新的强有力的证明. 对于任意的非负整数 n, 假设它能表示成 4 个平方数之和的表示法次数为 $a(n)$, 雅可比的方法利用了

$$\sum_{n=0}^{\infty} a(n) e^{2\pi i n z}$$

是自守形式这个事实.

回到 1770 年, 那年拉格朗日给出了巴切特猜想的第一个证明. 那年英国诗人华兹华斯 (William Wordsworth, 1770—1850) 出生, 德国出生的名人有诗人荷尔德林 (J. C. F. Hölderlin, 1770—1843)、哲学家黑格尔 (G. W. F. Hegel, 1770—1831) 和音乐家贝多芬 (Ludwig van Beethoven, 1770—1827). 那年俄土战争仍在进行中, 英国探险家库克船长 (James Cook, 1728—1779) 仍在大洋洲海岸航行, 他的同胞化学家普利斯特列 (J. Joseph Priestley, 1733—1804) 建议使用橡皮擦来去除铅笔痕迹. 在中国的春节, 为庆祝自己的 60 岁寿辰, 乾隆皇帝宣布全国免除应征地丁钱粮.

华林在同年出版的《代数沉思》中，不仅包括了巴切特猜想，还将其做了推广，他指出

> 任给正整数 k, 存在正整数 $s = s(k)$, 使得每一个正整数 n 均可表示成 s 个非负整数的 k 方和，即
> $$n = x_1^k + x_2^k + \cdots + x_s^k.$$

这便是著名的华林问题，拉格朗日 4 平方和定理可谓是华林问题与费尔马多角形数定理的交集. 在华林问题诞生之后，希尔伯特证明一般存在性之前的 139 年里，对某些特殊的情形已有所进展，比如 $k = 3, 4, 5, 6, 7, 8, 10$. 在希尔伯特证明了对任意的 k 成立以后，这个结论也被称为希尔伯特–华林定理.

在 $s(k)$ 的存在性问题解决以后，人们开始关注它的大小，设 $g(k)$ 表示最小的正整数，使得每一个正整数均可表示成 $g(k)$ 个非负整数的 k 方和.

因为 $7 = 2^2 + 3 \times 1^2$ 不能表示成 3 个整数的平方和，由拉格朗日定理即知 $g(2) = 4$.

1772 年，欧拉的儿子 J. A. 欧拉猜测

$$g(k) = 2^k + \left[\left(\frac{3}{2}\right)^k\right] - 2.$$

这个猜测是在欧拉结果的基础上做出的，欧拉证明了对于 $k \geqslant 2$, 上式右端是 $g(k)$ 的下界. 这个猜测可以说是非常准确的，但是迄今尚未被证明. 1990 年，J. M. Kubina 和 M. C. Wunderlich 验证了，猜测对于 $k \leqslant 471600000$ 成立. Kurt Mahler 证明了，至多有有限多个例外的 k.

1909 年，德国数学家维夫瑞奇 (Arthur Wieferich) 证明 $g(3) = 9$, 后来被发现证明有漏洞; 1912 年，由英国出生的美国数学家肯普纳 (A. J. Kempner) 补正. 1986 年，三位数学家巴拉苏布拉曼尼 (Ramachandran Balasubramanian)、德雷斯 (Françoise Dress) 和德西霍勒 (Jean-Marc Deshouillers) 合作证明了 $g(4) = 19$.

1940 年，印度数学家皮莱 (Subbayya Pillai, 1901—1950) 证明了 $g(6) = 73$.

1964 年，中国数学家陈景润 (1933—1996) 证明了 $g(5) = 37$.

值得一提的是巴拉苏布拉曼尼等三人的工作是利用了陈景润的方法并加以改进，作为巴拉苏布拉曼尼的前辈，皮莱则被认为是拉曼纽扬之后最重要的印度数学家之一. 著名的皮莱猜想是说:

> 对任意正整数 k, 至多存在有限多对正整数幂 (x^p, y^q), 满足 $x^p - y^q = k$.

1946 年, 时任西南联大教授的华罗庚由昆明出访苏联途中经停加尔各答, 曾与皮莱做了交流. 不料四年以后, 皮莱应邀赴美国普林斯顿高等研究院访学一年, 他计划先去哈佛大学参加国际数学家大会, 不幸途中在开罗转机时因为飞机失事身亡.

另一方面, 由英国数学家哈代 (G. H. Hardy, 1877—1947) 和李特尔伍德 (J. E. Littlewood, 1885—1977) 的工作可知, 比 $g(k)$ 更本质的函数是 $G(k)$. 这里 $G(k)$ 表示最小的正整数, 使对充分大的正整数均可表示成 $G(k)$ 个非负整数的 k 次方和. 显而易见, $G(k) \leqslant g(k)$. 这个问题更为复杂, 也更有意义. 利用同余性质, 易知对模 8 余 7 的整数, 无法表示成 3 个整数的平方和, 因此 $G(2)= 4$.

1939 年, 达文波特证明了 (参见 Vaughan 1 第 6 章第 2 节): $G(4)= 16$. 达文波特利用了哈代和李特尔伍德创立的圆法, 事实上, 他证明的是下列结论: 对充分大的 $n \not\equiv 0 \pmod{16}$, $n \not\equiv 1 \pmod{16}$ 均可表示成 14 个整数的四次方之和. 那样一来, 考虑到 $n = n - 1 + 1 = n - 2 + 1 + 1$, 任何充分大的正整数均可表示成 16 个整数的四次方之和. 从而 $G(4) \leqslant 16$.

至于 $G(4) \geqslant 16$, 我们可用初等方法来证明, 参见 [Hua 1] 第 18 章第 2 节. 注意到 $x^4 \equiv 0$ 或 $1 \pmod{16}$, 故而每个形如 $16m+15$ 的正整数至少需要 15 个四次方之和, 即 $G(4) \geqslant 15$. 又若 $16 \cdot n = x_1^4 + \cdots + x_{15}^4$, 则有 $2|(x_1, \cdots, x_{15})$, 故 $16 = y_1^4 + \cdots + y_{15}^4$, 这里 $y_i = \dfrac{x_i}{2}(1 \leqslant i \leqslant 15)$. 又因 31 不能表示为少于 16 个四次方之和, 故 $16 \cdot 31$ 不能表示为 15 个四次方之和. 如此进行下去, 必有一个序列趋于无穷, 每个数均不能表示为 15 个四次方之和. 因此, $G(4) \geqslant 16$.

这是一个令人吃惊的结果. 因为除此以外, 人们只能确定 $G(k)$ 的范围, 比如 $4 \leqslant G(3) \leqslant 7$. 不过, 有人猜测 $G(3) = 4$. 迄今为止, 已发现不能表为 4 个正整数之和的最大的整数是 7373170279850. 对于 $k > 4$, 人们所知甚少, 例如, $6 \leqslant G(5) \leqslant 17, 9 \leqslant G(6) \leqslant 24$. 1996 年, 李红泽 (参见 [Li 1]) 曾证明, $G(16) \leqslant 111$.

另一方面, 哈代和李特尔伍德猜测, 对于 $k \neq 2^a, a > 1$, $G(k) \leqslant 2k + 1$. 目前, $G(3)$ 的上界估计是迄今唯一的证据. 作为数论的中心问题之一, 华林问题未在 1900 年被希尔伯特列入面向未来的 23 个数学问题之列, 只能说是一种遗憾. 或许在 1900 年的时候, 希尔伯特尚未接触到这个问题. 而一旦有了希尔伯特-华林定理之后, 它便开始吸引越来越多的数论学者. 可惜在漫长的时间里, 华林问题的进展甚为缓慢.

1.2 华林问题的变种

2011 年 4 月, 作者提出了华林问题的一类变种. 设 k 和 s 为正整数, 考虑丢番图方程

$$n = x_1 + x_2 + \cdots + x_s,$$

其中

$$x_1 x_2 \cdots x_s = x^k.$$

由希尔伯特–华林定理知, 存在 $s = s'(k) \leqslant s(k)$, 使对任意的正整数 n, 均可表示成不超过 s 个正整数之和, 其乘积是 k 次方幂. 用 $g'(k)(G'(k))$ 表示最小的正整数 s, 使对任意 (充分大的) 正整数 n, 均可表示成不超过 $g'(k)(G'(k))$ 个正整数之和, 它们的乘积是 k 次方幂. 显而易见, $g'(k) \leqslant g(k), G'(k) \leqslant G(k)$. 对此问题, 作者和陈德溢 (参见 [Cai-Chen 1]) 作了一番研究, 证明了

定理 1.1 对于任意正整数 k, $g'(k) = 2k - 1$.

证明 当 $k=1$ 时显然, 设 $k > 1$, $n \equiv i \pmod{k}, 0 \leqslant i \leqslant k-1$, 则有

$$n = \underbrace{1 + \cdots + 1}_{i} + \underbrace{\frac{n-i}{k} + \cdots + \frac{n-i}{k}}_{k},$$

故 $g'(k) \leqslant 2k - 1$.

另一方面, $2k - 1$ 却无法表示成少于 $2k - 1$ 个正整数之和, 使其乘积是 k 次方. 否则的话, 这些正整数必有大于 1 者, 令其所含的最小素数为 q, 则 $2k - 1 \geqslant q^{\beta_1} + \cdots + q^{\beta_r}$, 其中 $\beta_1 \geqslant 1, \cdots, \beta_r \geqslant 1, \beta_1 + \cdots + \beta_r$ 是 k 的倍数. 从而

$$2k - 1 \geqslant \underbrace{q + \cdots + q}_{k} = qk \geqslant 2k$$

矛盾, 故 $g'(k) \geqslant 2k - 1$. 定理 1.1 得证.

对于 $G'(k)$, 我们得到多个下界估计. 例如

定理 1.2 对于任意素数 p, $G'(p) \leqslant p + 1$.

证明 设 $n \equiv i \pmod{p}, 0 \leqslant i \leqslant p - 1$. 若 $i = 0$, 设 $n = mp$, 当 $n > p^p$ 时, 我们有

$$n = m - p^{p-1} + \cdots + m - p^{p-1} + p^p.$$

下设 $0 < i \leqslant p - 1$, 由费尔马小定理, $n \equiv i \equiv i^p \pmod{p}$. 当 $n > p^p$ 时, 我们有

$$n = i^p + \underbrace{\frac{n - i^p}{p} + \cdots + \frac{n - i^p}{p}}_{p}.$$

定理 1.2 得证.

2017 年春天, 在作者讲授 "数论导引" 课程期间, 金融学专业三年级的胡俊炜同学推广了定理 1.2. 他证明了 (参见 [Cai 1]):

定理 1.3 若 m 是循环数, 即满足 $(m,\phi(m))=1$ 的数 m, 则 $G'(m) \leqslant m+1$.

显然, 循环数 (cyclic number) 包含了全体素数, 同时, 它必为无平方因子数. 设 $n = km+r, 0 \leqslant r < m$, 令 $d = (r,m)$. 因 m 无平方因子, 故而 $\left(r, \dfrac{m}{d}\right) = 1$, 由欧拉定理, 得

$$r^{\phi\left(\frac{m}{d}\right)} \equiv 1 \left(\bmod \dfrac{m}{d}\right),$$

任给整数 B, 恒有

$$r^{\phi\left(\frac{m}{d}\right)B} \equiv 1 \left(\bmod \dfrac{m}{d}\right)$$

由于 d 是 r 的因子, 所以

$$r^{\phi\left(\frac{m}{d}\right)B+1} \equiv r \,(\bmod\, m), \tag{1.1}$$

又由 $(m, \phi(m)) = 1$ 知, $\left(m, \phi\left(\dfrac{m}{d}\right)\right) = 1$, 故而存在正整数 A_r, B_r 满足

$$\phi\left(\dfrac{m}{d}\right)B_r + 1 = A_r m.$$

将上式应用于式 (1.1), 即得

$$r \equiv r^{A_r m} (\bmod\, m).$$

取 $C_r = \dfrac{r^{A_r m} - r}{m}$, 则 C_r 为正整数. 令 $C = \max\limits_{0 \leqslant r \leqslant m} C_r$, 则当 $n > m(C+1)$ 时,

$$k = \left[\dfrac{n}{m}\right] \geqslant [C+1] = C+1 > C \geqslant C_r,$$

于是

$$n = k - C_r + \cdots + k - C_r + mC_r + r$$
$$= k - C_r + \cdots + k - C_r + r^{A_r m},$$

而各项的乘积为 $(k - C_r)^m (r^{A_r})^m$. 因此, $G'(m) \leqslant m+1$, 定理 1.3 得证.

特别地, 我们要指出, 卡迈克尔数是循环数. 所谓卡迈克尔数是指这样的合数 n, 对任意 $a > 1, (a,n) = 1$, 均有

$$a^n \equiv a \,(\bmod\, n).$$

1.2 华林问题的变种

按照 Korselt 准则, 卡尔迈克数 n 必为无平方因子数, 且对任意素数 $p|n$, 必有 $(p-1)|(n-1)$.

对 n 的任意两个素因子 p 和 q, 易知 $(n-1,q)=1$, 故 $(p-1,q)=1$, 从而有 $(n,\varphi(n))=1$.

例 1.1 561 是最小的卡迈克尔数. 故而 $G'(561) \leqslant 562$.

我们只验证 561 是卡迈克尔数. $561 = 3 \times 11 \times 17$, 若 $(a,561)=1$, 则 $(a,3)=1, (a,11)=1, (a,17)=1$. 由费尔马小定理, $a^2 \equiv 1(\bmod 3), a^{10} \equiv 1(\bmod 11), a^{16} \equiv 1(\bmod 17)$. 考虑到 $[2,10,16]=80$, 我们有 $a^{80} \equiv 1(\bmod 3), a^{80} \equiv 1(\bmod 11), a^{80} \equiv 1(\bmod 17)$, 故而 $a^{80} \equiv 1(\bmod 561)$. 再由 560 是 80 的倍数, 即知 561 是以 a 为底的伪素数, 从而 561 是卡迈克尔数.

例 1.2 设 $n = p_1 p_2 \cdots p_k$, 素数 p_i 互异, $k > 2$, 对任意 $i, (p_i - 1)|(n-1)$, 则 n 是卡迈克尔数.

比较小的卡迈克尔数还有 $1105 = 5 \times 13 \times 17, 1729 = 7 \times 13 \times 19, 2465 = 5 \times 17 \times 29, 2821 = 7 \times 13 \times 31$. 其中第三小的卡迈克尔数 1729 又称哈代-拉马努金数, 据哈代回忆, 有一次他去看望病中的拉马努金, 搭乘的出租车号码是 1729, 他觉得没有特殊意义. 拉马努金却告诉哈代, 这是可用两种方法表示成两个整数立方和的最小正整数, 即 $1729 = 1^3 + 12^3 = 9^3 + 10^3$.

问题 1.1 是否对任意无平方因子数 m, 均有 $G'(m) \leqslant m+1$?

定理 1.4 对于任意正整数 $k, G'(k) \leqslant k+2$.

证明 对于任意正整数 n, 设 $n = km + r$, 其中 $0 \leqslant r \leqslant k-1$. 若 $r=0$, 则当 $n > 2k^{2k}$ 时, 我们有
$$m = \frac{n}{k} > 2k^{2k-1},$$
故而
$$n = km = \underbrace{(m - 2k^{2k-1}) + \cdots + (m - 2k^{2k-1})}_{k} + k^{2k} + k^{2k}.$$

若 $0 < r \leqslant k-1$, 则当 $n > k^{2k-1} + k$ 时, 我们有
$$m = \frac{n-r}{k} > \frac{k^{2k-1}}{k} > k^{k-1} r^{k-1},$$
故而
$$n = km + r = \underbrace{(m - k^{k-1} r^{k-1}) + \cdots + (m - k^{k-1} r^{k-1})}_{k} + k^k r^{k-1} + r.$$

定理 1.4 得证.

注意到当 $k > 1$ 时, 模 4 余 3 的素数不能表示成两个整数的 k 次幂之和. 由定理 1.1 和定理 1.2 知, $G'(2) = 3, 3 \leqslant G'(3) \leqslant 4, 3 \leqslant G'(5) \leqslant 6$; 由定理 1.1 和定理 1.4 知, $3 \leqslant G'(4) \leqslant 6$.

为了更好地估计 $G'(3)$, 我们令
$$S = \{n \,|\, n = x + y + z, xyz = m^3, x, y, z \in Z^+\}.$$

显然, 只要 n 属于 S, 则 n 的倍数一定也属于 S, 因此我们只需考虑 n 是素数的情形.

我们有以下结论.

定理 1.5 假如 p 是素数, $p \equiv 1 \pmod{3}$ 或 $p \equiv \pm 1 \pmod{8}$, 则 $p \in S$.

定理 1.6 假如 p 是素数, $p \equiv 5 \pmod{24}$, 且存在正整数对 (x, y), 满足
$$p = 6x^2 - y^2, \tag{1.2}$$

其中
$$\frac{x}{y} \in \left(\frac{7}{17}, \frac{19}{46}\right) \cup \left(\frac{11}{26}, \frac{3}{7}\right) \cup \left(\frac{9}{19}, \frac{7}{13}\right) \cup \left(1, \frac{3}{2}\right), \tag{1.3}$$

则 $p \in S$.

经过计算机检验, 在 10000 以内的素数中, 只有 $2, 5, 11 \notin S$. 注意到
$$2^6 = 7 + 8 + 49, \quad 7 \times 8 \times 49 = 14^3,$$
$$5^2 = 3 + 4 + 18, \quad 3 \times 4 \times 18 = 6^3,$$
$$11^2 = 1 + 45 + 75, \quad 1 \times 45 \times 75 = 15^3.$$

由此可知, 只有有限多个形如 $2^\alpha 5^\beta 11^\gamma$ 的整数不属于 S. 在以上计算的基础上 (对 $k \geqslant 4$ 可作类似的运算), 我们提出下列猜想.

猜想 1.1 除了 1, 2, 4, 5, 8, 11, 16, 22, 32, 44, 88, 176 以外, 每个正整数均可表示成 3 个正整数的和, 且其乘积为整数的立方数. 特别地, $G'(3) = 3$.

猜想 1.2 除了 1, 2, 3, 5, 6, 7, 11, 13, 14, 15, 17, 22, 23 以外, 每个正整数均可表示成 4 个正整数的和, 且其乘积为整数的四次方. 特别地, $G'(4) = 4$.

虽然我们无法证明上述猜想, 但当分别允许其中一个或两个正整数为一般整数时, 我们证明了这两个猜想的结论成立.

定理 1.7 设 $n > 1$, 存在正整数 (x, z), 整数 (y, m), $\gcd(x, y, z) < n$, 使得
$$n = x + y + z$$

满足
$$xyz = w^3.$$

定理 1.8 设 $n > 1$, 存在正整数 (x, z, m), 负整数 (y, w), $\gcd(x, y, z, w) < n$, 使得

$$n = x + y + z + w$$

满足

$$xyzw = m^4.$$

1.3 定理的证明

为证明定理 1.5—定理 1.7, 我们需要引入以下引理.

引理 1.1 设 p 是素数, $p \equiv \pm 1 \pmod{8}$, 则存在正整数 (x, y), 满足

$$x^2 - 2y^2 = p, \tag{1.4}$$

且 $x > 2y$.

引理 1.2 设 p 是素数, $p \equiv 5$ 或 $11 \pmod{24}$, 则存在正整数 (x, z) 和整数 (y, m), $\gcd(x, y, z) = 1$, 使得

$$p = x + y + z,$$

且

$$xyz = m^3.$$

为证明引理 1.1 和引理 1.2, 我们需要利用二次型的一些基本性质 (参见 [Alaca-Williams 1]或 [Weisstein 1]). 对任何素数 p, 若 $p \equiv \pm 1 \pmod{8}$, 则可表示为 $p = x^2 - 2y^2$; 若 $p \equiv 5 \pmod{24}$, 则 $p = 6x^2 - y^2$; 又若 $p \equiv 11 \pmod{24}$, 则 $p \equiv 3 \pmod{8}$, $p = x^2 + 2y^2$.

引理 1.1 的证明 易知 $(u, v) = (3, 2)$ 是不定方程 $x^2 - 2y^2 = 1$ 的基本解, 记 $x + y\sqrt{2}$ 为方程 (1.4) 的基本解, 由二次型的性质 (参见 [Nagell 1], 定理 108),

$$0 \leqslant y \leqslant \frac{v\sqrt{p}}{\sqrt{2(u+1)}} = \sqrt{\frac{p}{2}}. \tag{1.5}$$

结合 (1.4) 和 (1.5), 我们有

$$\left(\frac{x}{y}\right)^2 = 2 + \frac{p}{y^2} \geqslant 2 + \frac{p}{\left(\sqrt{\frac{p}{2}}\right)^2} = 4,$$

故而
$$\frac{x}{y} \geqslant 2.$$

但是 $x \neq 2y$, 不等式应是严格的. 引理 1.1 得证.

引理 1.2 的证明 首先考虑 $p \equiv 5 \pmod{24}$, 作下列变换

$$\begin{cases} x = 3a + b, \\ y = 2a + b, \end{cases} \begin{cases} x = 7a + b, \\ y = 13a + 2b, \end{cases} \begin{cases} x = a + 9b, \\ y = 2a + 19b, \end{cases}$$

$$\begin{cases} x = 3a + 11b, \\ y = 7a + 26b, \end{cases} \begin{cases} x = 19a + 7b, \\ y = 46a + 17b. \end{cases} \quad (1.6)$$

代入 (1.2), 依次可得

$$p = 50a^2 + 32ab + 5b^2, \quad p = 125a^2 + 32ab + 2b^2, \quad p = 2a^2 + 32ab + 125b^2,$$
$$p = 5a^2 + 32ab + 50b^2, \quad p = 50a^2 + 32ab + 5b^2.$$

其逆变换分别为

$$\begin{cases} a = x - y, \\ b = 3y - 2x, \end{cases} \begin{cases} a = 2x - y, \\ b = 7y - 13x, \end{cases} \begin{cases} a = 19x - 9y, \\ b = y - 2x, \end{cases}$$

$$\begin{cases} a = 26x - 11y, \\ b = 3y - 7x, \end{cases} \begin{cases} a = 17x - 7y, \\ b = 19y - 46x. \end{cases} \quad (1.7)$$

而互素的性质是显然的.

下设 $p \equiv 11 \pmod{24}$, 作下列变换

$$\begin{cases} x = 5a, \\ y = a + b, \end{cases} \begin{cases} x = 2a + b, \\ y = 5a, \end{cases} \begin{cases} x = a + 4b, \\ y = -a + b. \end{cases}$$

$$\begin{cases} x = a + 4b, \\ y = a - b, \end{cases} \begin{cases} x = 2a - b, \\ y = a + 2b, \end{cases} \begin{cases} x = a - 2b, \\ y = 2a + b. \end{cases}$$

代入 $p = x^2 + 2y^2$, 依次可得

$$p = 27a^2 + 4ab + 2b^2, \quad p = 54a^2 + 4ab + b^2, \quad p = 3a^2 + 4ab + 13b^2,$$

$$p = 3a^2 + 4ab + 18b^2, \quad p = 6a^2 + 4ab + 9b^2, \quad p = 9a^2 + 4ab + 6b^2.$$

1.3 定理的证明

它们的逆变换是

$$\begin{cases} a = \dfrac{x}{5}, \\ b = y - \dfrac{x}{5}, \end{cases} \qquad \begin{cases} a = \dfrac{y}{5}, \\ b = x - \dfrac{2y}{5}, \end{cases} \qquad \begin{cases} a = \dfrac{x+y}{5} - y, \\ b = \dfrac{x+y}{5}, \end{cases}$$

$$\begin{cases} a = \dfrac{x-y}{5} + y, \\ b = \dfrac{x-y}{5}, \end{cases} \qquad \begin{cases} a = \dfrac{2x+y}{5}, \\ b = \dfrac{2(2x+y)}{5} - x, \end{cases} \qquad \begin{cases} a = \dfrac{x+2y}{5}, \\ b = y - \dfrac{2(x+2y)}{5}. \end{cases}$$

下证上述 6 个逆变换中必有一个 a 和 b 均为整数. 为此, 我们只需证明下列 6 个数中有一个为整数:

$$\frac{x}{5},\ \frac{y}{5},\ \frac{x+y}{5},\ \frac{x-y}{5},\ \frac{2x+y}{5},\ \frac{x+2y}{5}.$$

这一点利用费尔马小定理, 可由下列同余式推出.

$$xy(x+y)(x-y)(2x+y)(x+2y) = 5x^4y^2 + 2x^5y - 5x^2y^4 - 2xy^5$$
$$\equiv 2xy(x^4 - y^4) \equiv 0 \pmod{5}.$$

至于互素性是显然的. 引理 1.2 得证.

备注 1.1 引理 1.2 前半部分的证明只需要 (1.6) 中一个变换, 之所以给出 5 个是为了下面定理 1.6 的证明.

定理 1.5 的证明 若 $p \equiv 1 \pmod{3}$, 则存在两个正整数 $x, y, (x, y) = 1$, 使得

$$p = x^2 + xy + y^2.$$

又若 $p \equiv \pm 1 \pmod 8$, 则由引理 1.1, 存在两个正整数 $x, y, x > 2y, (x, y) = 1$, 使得

$$p = x^2 - 2y^2.$$

作变换

$$\begin{cases} x = 2a + b, \\ y = a, \end{cases}$$

即得

$$p = (2a+b)^2 - 2a^2 = 2a^2 + 4ab + b^2,$$

$p \in S$. 定理 1.5 得证.

定理 1.6 的证明　在引理 1.2 的证明中, 假如逆变换 (1.7) 满足下列一个条件

$$\begin{cases} x - y > 0, \\ 3y - 2x > 0, \end{cases} \quad \begin{cases} 2x - y > 0, \\ 7y - 13x > 0, \end{cases} \quad \begin{cases} 19x - 9y > 0, \\ y - 2x > 0, \end{cases}$$

$$\begin{cases} 26x - 11y > 0, \\ 3y - 7x > 0, \end{cases} \quad \begin{cases} 17x - 7y > 0, \\ 19y - 46x > 0, \end{cases}$$

则有 $a > 0, b > 0, p \in S$. 而上述条件等价于 (1.3), 定理 1.6 得证.

定理 1.7 的证明　设 $n > 1$, 存在素数 p 使得 $n = pn_1, n_1$ 是正整数. 如果 $p = 2$, 则 $2 = 3 - 9 + 8$, 而 $\gcd(3, -9, 8) = 1$. 如果 p 是奇素数, 易知它满足下列 4 个同余式中的一个:

$$p \equiv 1(\mathrm{mod}\, 3), \quad p \equiv \pm 1(\mathrm{mod}\, 8), \quad p \equiv 5(\mathrm{mod}\, 8), \quad p \equiv 11(\mathrm{mod}\, 24).$$

由定理 1.5 和引理 1.2 可知, 存在正整数 (x, z), 整数 (y, m), $\gcd(x, y, z) = 1$, 使得

$$p = x + y + z,$$

满足

$$xyz = w^3,$$

于是

$$n = pn_1 = n_1 x + n_1 y + n_1 z$$

满足

$$n_1 x \cdot n_1 y \cdot n_1 z = (n_1 m)^3,$$

$$(n_1 x, n_1 y, n_1 z) = n_1(x, y, z) = n_1 < n.$$

定理 1.7 得证.

定理 1.8 的证明　易知, 我们只需考虑 n 是素数 p 的情形. 如果 $p = 2$, $2 = 6 - 3 + 8 - 9$, 而

$$6 \times (-3) \times 8 \times (-9) = 6^4.$$

如果 p 是奇素数, 易知它满足下列 4 个同余式中的一个:

$$p \equiv 1(\mathrm{mod}\, 3), \quad p \equiv \pm 1(\mathrm{mod}\, 8), \quad p \equiv 3(\mathrm{mod}\, 8), \quad p \equiv 5(\mathrm{mod}\, 24).$$

1.3 定理的证明

利用 [Weisstein 1] 中的结论, 我们有

$$p = x^2 + 3y^2 = 4x^2 - 3x^2 + 12y^2 - 9y^2,$$
$$p = x^2 + 2y^2 = 2x^2 - x^2 + 4y^2 - 2y^2,$$
$$p = x^2 - 2y^2 = 2x^2 - x^2 + 2y^2 - 4y^2,$$
$$p = 2x^2 - 3y^2 = 6x^2 - 4x^2 + 6y^2 - 9y^2.$$

每个表达式的 4 数是互素的, 它们的乘积依次为 $(6xy)^4, (4xy)^4, (4xy)^4, (6xy)^4$. 定理 1.8 得证.

例 1.3 $3 = 1+1+1, 6 = 2+2+2, 7=1+2+4, 9 = 3+3+3, 10 = 1+1+8, 12 = 4+4+4, 13 = 1+3+9, \cdots$.

一般地, 对于素数 $p < 100$, 方程 $p = x+y+z, xyz = m^3$ 的解如表 1.1, 其中 m 是最小值.

表 1.1 $G'(3)$ 的数据表

p	x	y	z	m	p	x	y	z	m
3	1	1	1	1	47	2	20	25	10
7	1	2	4	2	53	3	18	32	12
13	1	3	9	3	59	1	4	54	6
17	1	8	8	4	61	2	27	32	12
19	4	6	9	6	67	4	14	49	14
23	2	9	12	6	71	1	20	50	10
29	1	1	27	3	73	1	8	64	8
31	1	5	25	5	79	2	28	49	14
37	9	12	16	12	83	3	8	72	12
41	2	3	36	6	89	5	9	75	15
43	1	6	36	6	97	1	24	72	12

例 1.4 $4 = 1+1+1+1, 8 = 2+2+2+2, 9 = 1+2+2+4, 10 = 1+1+4+4, 12 = 3+3+3+3, \cdots$.

一般地, 对于素数 $p < 100$, 方程 $p = x+y+z+w, xyzw = m^4$ 的解如表 1.2, 其中 m 是最小值.

表 1.2　$G'(4)$ 的数据表

p	x	y	z	w	m	p	x	y	z	w	m
19	1	1	1	16	2	61	1	3	9	48	6
29	2	6	9	12	6	67	1	16	25	25	10
31	3	3	9	16	6	71	3	8	24	36	12
37	1	6	12	18	6	73	2	12	27	32	12
41	1	4	18	18	6	79	2	9	32	36	12
43	2	2	12	27	6	83	2	9	24	48	12
47	1	3	16	27	6	89	2	2	4	81	6
53	8	9	12	24	12	97	1	12	36	48	12
59	4	12	16	27	12						

新华林问题留下了许多悬案. 一般地, 对于任意正整数 $m \geqslant 3$, 我们猜测 $G'(m) = m$. 孙智伟曾告诉作者他用计算机检验过 $n = 5$ 和 6, 他认为这个结果应是正确的.

1.4　和积相同的 n 元数组

本节讲述波兰数学家辛策尔 (Andrzej Schinzel, 1937—2020) 提出并研究的一个问题. 它虽然不属于华林问题, 却是加性方程和乘性方程的组合. 因此, 我们放在这一章里叙述.

1956 年, M. W. Mnich (参见 [Chakraborty 1]) 问下列丢番图方程是否有有理数解

$$x_1 + x_2 + x_3 = x_1 x_2 x_3 = 1.$$

L. E. Mordell 注意到, 该方程与他之前研究过的方程 (参见 [Mordell 1]) 相关, 即上述方程有有理数解当且仅当下列方程

$$(x_1 + x_2 + x_3)^3 = x_1 x_2 x_3$$

或者

$$x_1^3 + x_2^3 + x_3^3 = x_1 x_2 x_3$$

有满足 $x_1 x_2 x_3 \neq 0$ 的有理数解. 事实上, 必要性显而易见, 而充分性也不难证明.

1960 年, J. Cassels 用三次域的算术理论证明了 (参见 [Cassels 1]) 上述方程无有理数解. 两年以后, G. Sansone 和 J. Cassels 又给出了初等的证明 (参见 [Sansone-Cassels 1]).

1996 年, 辛策尔 (参见 [Schinzel 1]) 证明了:

1.4 和积相同的 n 元数组

定理 1.9 加乘方程

$$x_1 + x_2 + x_3 = x_1 x_2 x_3 = 6$$

有无穷多组正有理数解.

2013 年, 我们把这一结果推广到任意 $n\ (\geqslant 3)$ 个数的情形, 即证明了 (参见 [Cai-Zhang 1]).

定理 1.10 加乘方程

$$x_1 + x_2 + \cdots + x_n = x_1 x_2 \cdots x_n = 2n \tag{1.8}$$

有无穷多组正有理数解.

为证明定理 1.9 和定理 1.10, 我们需要下列两个引理, 它们是椭圆曲线理论中两个著名的定理 (分别参见 [Silverman-Tate 1] 的第 56 页和 [Skolem 1] 的第 78 页).

引理 1.3 (Nagell-Lutz 定理) 设 Δ 是椭圆曲线的判别式, 若其上的有理点 (x, y) 满足 x 和 y 是整数, 且或 $y = 0$, 或 $y | \Delta$, 则该点为有限阶; 不然的话, 就是无限阶.

引理 1.4 (庞加莱–赫尔维茨定理) 若椭圆曲线有无穷多个有理点, 则在任意一个有理点的邻域内均存在无穷多个有理点.

定理 1.9 的证明 (辛策尔) 考虑椭圆曲线

$$f(x) = x^3 - 9x + 9 = y^2. \tag{1.9}$$

它有解 $(x, y) = (7, 17)$, 满足 Nagell-Lutz 定理的条件 $17 \nmid \Delta = -729$, 此处 $\nmid$ 表示不整除, Δ 是 $f(x)$ 的判别式, 即设 $f(x) = x^3 + ax + b, \Delta = 4a^3 + 27b^3$. 由 Nagell-Lutz 定理, 方程 (1.9) 有无穷多个有理数解. 再由庞加莱-赫尔维茨定理, 在每个解的任何邻域内, 存在无穷多个有理数解.

因 $(x, y) = (0, 3)$ 是 (1.9) 的解, 且满足

$$|y| < 6 - 3x,$$

故而 (1.9) 有无穷多个解 (x, y) 满足 $x < 3$. 令

$$x_1 = \frac{6}{3-x}, \quad x_2 = \frac{6 - 3x + y}{3 - x}, \quad x_3 = \frac{6 - 3x - y}{3 - x}$$

则有 $x_j > 0\ (1 \leqslant j \leqslant 3)$, 满足

$$x_1 + x_2 + x_3 = 6,$$

$$x_1x_2x_3 = \frac{6\{(6-3x)^2 - y^2\}}{(3-x)^3} = \frac{6\{(6-3x)^2 - f(x)\}}{(3-x)^3} = 6$$

取不同的 (x, y), 则所得三数组 (x_1, x_2, x_3) 也是不同的. 定理 1.9 得证.

定理 1.10 的证明 由辛策尔的结果, 我们不妨假设 $n \geqslant 4$, 取 $x_1 = x_2 = \cdots = x_{n-3} = 1$, (1.8) 可转化为

$$\begin{cases} x_{n-2} + x_{n-1} + x_n = n + 3, \\ x_{n-2} x_{n-1} x_n = 2n. \end{cases}$$

消去 x_n, 可得

$$x_{n-2}^2 x_{n-1} + x_{n-2} x_{n-1}^2 - (n+3)x_{n-2}x_{n-1} + 2n = 0,$$

此即

$$\left(\frac{x_{n-2}}{x_{n-1}}\right)^2 + \frac{x_{n-2}}{x_{n-1}} - (n+3)\frac{x_{n-2}}{x_{n-1}}\frac{1}{x_{n-1}} + 2n\left(\frac{1}{x_{n-1}}\right)^3 = 0.$$

令

$$u = \frac{x_{n-2}}{x_{n-1}}, \quad v = \frac{1}{x_{n-1}},$$

即得

$$u^2 + u - (n+3)uv + 2nv^3 = 0.$$

再令

$$x = -72nv + 3(n+3)^2, \quad y = 216n\{2u + 1 - (n+3)v\}, \tag{1.10}$$

即得椭圆曲线 (当 $n = 4$ 时参见图 1.4)

$$E_n : y^2 = x^3 + a_n x + b_n,$$

其中

$$a_n = -27(n+3)(n^3 + 9n^2 - 21n + 27),$$
$$b_n = 54n^6 + 972n^5 + 3402n^4 - 5832n^3 + 7290n^2 - 26244n + 39366.$$

这是有理数域上的椭圆曲线, 我们来研究 E_n 上的有理点.

1.4 和积相同的 n 元数组

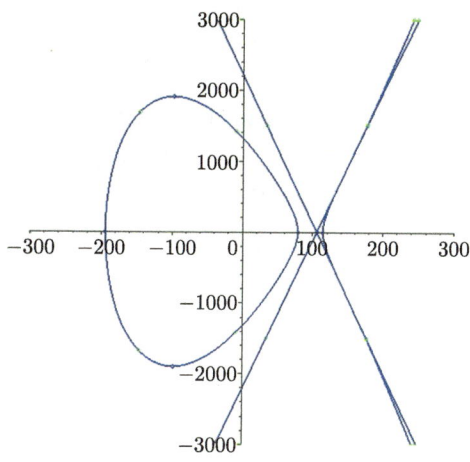

图 1.4 椭圆曲线 E_4

首先, E_n 的判别式

$$\Delta = 2^{15}3^{12}n^3(n^3+9n^2-27n+27).$$

当 $n \geqslant 4$ 时, $\Delta > 0$, 故而 E_n 是非奇异的, 即方程

$$x^3 + a_n x + b_n = 0$$

拥有 3 个不同的实根 $x_1(n), x_2(n), x_3(n)$, 不妨设 $x_1(n) < x_2(n) < x_3(n)$. 由根与系数的关系可知

$$\begin{cases} x_1(n) + x_2(n) + x_3(n) = 0, \\ x_1(n)x_2(n)x_3(n) = -f(n), \end{cases}$$

其中 $f(n)$ 是 E_n 的常数项. 易知, 当 $n \geqslant 4$ 时, $f(n) > 0$. 因此, 我们有

$$x_1(n) < 0 < x_2(n) < x_3(n).$$

不难验证, $P = (3(n+3)^2, 216n), Q = (3(n-3)^2, 108n(n-1))$ 和 $R = (3(n+3)^2 - 72n, 216n(n-2))$ 均在椭圆曲线 E_n 上. 利用椭圆曲线上的群法则可得

$$[2]P = O, \quad P + Q + R = O,$$

$$[2]R = \left(\frac{3(n^4+2n^3+13n^2-36n+36)}{(n-2)^2}, -\frac{216(2n^3-6n^2+7n-2)}{(n-2)^3}\right),$$

$$[3]R = \left(\frac{3(n^6-36n^4+126n^3-180n^2+108n-15)}{(n^2-3n+3)^2},\right.$$

$$\frac{108(n-1)(n-2)(7n^4 - 33n^3 + 67n^2 - 66n + 28)}{(n^2 - 3n + 3)^3}\Bigg),$$

这里 $[2]R$ 或 $2R = R + R$, 可利用群法则和 Magma 程序包得到, 即过 R 点的切线与椭圆曲线交于一点, 这一点关于 x 轴的对称点便是 $2R$. 同样, $3[R]$ 或 $3R$ 是分别过 R 点和 $2R$ 点的割线与椭圆曲线交于一点, 这一点关于 x 轴的对称点便是 $3R$. 这里 O 表示椭圆曲线 E_n 上的无穷远点, $[m]$ 表示同源 m 倍, 即

$$[m]P = P + \cdots + P(m \text{ 项}).$$

这就意味着, P 是阶为 2 的点, P, Q, R 在同一条直线上.

为证明 E_n 上有无穷多个有理点, 只需在其上求得一点, x 的坐标为非整数. 用 $(n^2 - 3n + 3)^2$ 去除 $[3]R$ 的 x 坐标的分子, 可得余项为

$$r = -36(3n^8 - 12n^2 + 18n - 10).$$

当 $n \geqslant 4$ 时, $r \neq 0$, 故而 $[3]R$ 的 x 坐标不是多项式. 对于 $4 \leqslant n \leqslant 109$, 容易验证, $r/(n^2 - 3n + 3)^2$ 不为整数; 而当 $n > 109$ 时, 它不为 0 且绝对值小于 1. 也就是说, 当 $n \geqslant 4$ 时, 它都不为整数. 因此, 由 Nagell-Lutz 定理, 阶为无限, 即对每个 n, E_n 上有无穷多个有理点.

利用 (1.10), 可得逆变换

$$u = \frac{y - 3xn - 9x + 9n^3 + 81n^2 + 27n + 243}{432n}, \quad v = \frac{3(n+3)^3 - x}{72n},$$

由此可得

$$x_{n-2} = \frac{y - 3xn - 9x + 9n^3 + 81n^2 + 27n + 243}{6(-x + 3n^2 + 18n + 27)},$$

$$x_{n-1} = \frac{72n}{3(n+3)^2 - x},$$

$$x_n = \frac{-y - 3xn - 9x + 9n^3 + 81n^2 + 27n + 243}{6(-x + 3n^2 + 18n + 27)}.$$

故 $(x_1, \cdots, x_{n-3}, x_{n-2}, x_{n-1}, x_n) = (1, \cdots, 1, x_{n-2}, x_{n-1}, x_n)$ 是 (1.8) 的解.

鉴于 $x_j > 0, 1 \leqslant j \leqslant n$, 我们有下列条件

$$x < 3(n+3)^2, \quad |y| < -3xn - 9x + 9n^3 + 81n^2 + 27n + 243.$$

由方程 $|y| = -3xn - 9x + 9n^3 + 81n^2 + 27n + 243$ 的图像可知, 当

$$x < \frac{3(n^3 + 9n^2 + 3n + 27)}{n+3}$$

时, 上述条件满足. 这是因为, 当 $n \geqslant 4$ 时,

$$\frac{3(n^3+9n^2+3n+27)}{n+3} - 3(n+3)^2 = -\frac{72n}{n+3} < 0$$

且

$$|y| = g\left(\frac{3(n^3+9n^2+3n+27)}{n+3}\right) = 0,$$

这里 $g(x) = -3xn - 9x + 9n^3 + 81n^2 + 27n + 243$.

考虑到方程 $|y| = -3xn - 9x + 9n^3 + 81n^2 + 27n + 243$ 的图像是椭圆曲线 E_n 在点 $P = (3(n+3)^2, 216n)$ 和点 $-P = (3(n+3)^2, -216n)$ 的两条切线, 它们相交于点

$$\left(\frac{3(n^3+9n^2+3n+27)}{n+3}, 0\right).$$

容易看出

$$x_2(n) < \frac{3(n^3+9n^2+3n+27)}{n+3} < x_3(n).$$

根据庞加莱-赫尔维茨定理, 只要找到一个满足上述条件的有理点就可以得到无穷多个有理点, 由计算可知, 当 $n \geqslant 4$ 时, 点 $[3]R$ 符合此条件, 即

$$|y| < -3xn - 9x + 9n^3 + 81n^2 + 27n + 243. \tag{1.11}$$

这是因为, $[3]R$ 的 x 坐标小于 P 和 $-P$ 两条切线的交点的 x 坐标, 即

$$\frac{3(n^6 - 36n^4 + 126n^3 - 180n^2 + 108n - 15)}{(n^2-3n+3)^2} - \frac{3(n^3+9n^2+3n+27)}{n+3}$$
$$= \frac{-36(3n^2-7n+6)(3n^2-6n+4)}{(n^2-3n+3)^2(n+3)} < 0.$$

因此, 椭圆曲线 E_n 上有无穷多个有理点满足条件 (1.11), 故而, 存在无穷多组正有理数 $x_j (1 \leqslant j \leqslant n)$ 满足 (1.8). 定理 1.10 得证.

在我们的证明中, 可以看出, 解是可构造的.

例 1.5 当 $n = 4$ 时, 从下列三个四元正有理数组

$$(1, 4, 2, 1), \quad \left(1, \frac{49}{20}, \frac{128}{35}, \frac{25}{28}\right), \quad \left(1, \frac{103058}{24497}, \frac{34969}{29737}, \frac{68644}{42449}\right)$$

可得三个四元正整数组

$$(778514660, 3114058640, 1557029320, 778514660),$$

$$(778514660, 1907360917, 2847139328, 695102375),$$

$$(778514660, 3275183240, 915488420, 1258930960).$$

它们有相同的和 6228117280 与相同的积 2938712953198523150291392472986880000.

例 1.6 当 $n = 5$ 时,从下列两个五元正有理数组

$$(1, 1, 1, 2, 5), \quad \left(1, 1, \frac{841}{221}, \frac{1690}{493}, \frac{289}{377}\right),$$

可得两个五元正整数组

$$(6409, 6409, 6409, 12818, 32045), \quad (6409, 6409, 24389, 21970, 4913),$$

它们有相同的和 64090 与相同的积 108131283474484110490.

例 1.7 当 $n = 6$ 时,从下列两个六元正有理数组

$$(1, 1, 1, 1, 2, 6), \quad \left(1, 1, 1, \frac{1058}{273}, \frac{1323}{299}, \frac{388}{483}\right),$$

可得两个六元正整数组

$$(6279, 6279, 6279, 6279, 12558, 37674),$$

$$(6279, 6279, 6279, 24334, 27783, 4394),$$

它们有相同的和 75348 与相同的积 735400878605353561179852.

必须指出的是,辛策尔利用定理 1.9 证明了下列定理.

定理 1.11 任给正整数 k,存在无穷多组本原的 k 组 3 元正整数组,使得它们有着相同的和与相同的积.

这里所谓的本原是指该正整数集合元素的最大公因数为 1. 我们将采用相似的方法,并利用定理 1.10 证明下列定理.

定理 1.12 任给正整数 k,存在无穷多组本原的 k 组 n 元正整数组,使得它们有着相同的和与相同的积.

证明 取方程 (1.8) 的任意 k 个正有理数解 $(x_{i1}, \cdots, x_{in}), i \leqslant k$,其中 $x_{i1} = \cdots = x_{i,n-3} = 1$. 记

$$d = \mathrm{lcm}_{i,j}(x_{i,j}, j = 1, 2, \cdots, n, i \leqslant k),$$

此处 lcm 表示最小公倍数. 令

$$x_{i,j} = \frac{a_{i,j}}{d}, \quad a_{i,j} \text{ 是正整数}, \quad (\gcd_{i,j}(a_{i,j}), d) = 1,$$

1.4 和积相同的 n 元数组

其中 $a_{i1} = \cdots = a_{i,n-3} = d$. 则

$$\sum_{i=1}^{n} a_{i,j} = 2nd, \quad \prod_{i=1}^{n} a_{i,j} = 2nd^n (i \leqslant k), \tag{1.12}$$

故必

$$\gcd_{i,j} a_{i,j} = 1.$$

不然的话, 设有素数 $p | \gcd_{i,j} a_{i,j}, p \nmid d$, 则由 (1.12) 可得 $p^n | 2n, n \geqslant 4$, 这不可能.

对于解的两个集合 $\{(x_{i1}, \cdots, x_{in}), i \leqslant k\}$ 和 $\{(x'_{i1}, \cdots, x'_{in}), i \leqslant k\}$, 如果 n 元数组的集合 $\{(a_{i1}, \cdots, a_{in}), i \leqslant k\}$ 和 $\{(a'_{i1}, \cdots, a'_{in}), i \leqslant k\}$ 重合, 则由 (1.12) 可得 $d = d'$. 由此, 解的两个集合也重合. 故由定理 1.10, 对每个正整数 k, 存在无穷多的本原集合的 k 组 n 元正整数有相同的和与相同的积. 定理 1.12 得证.

值得一提的是, 利用椭圆曲线理论, 我们还证明了下面两个定理, 其中定理 1.14 的证明类似于定理 1.12 的证明 (参见 [Cai-Zhang 2]).

定理 1.13 当 $n \geqslant 3$ 时, 丢番图方程组

$$\begin{cases} \sum_{1 \leqslant l \leqslant m \leqslant n} x_l x_m = \dfrac{3n^2 - n - 2}{2}, \\ x_1 \cdots x_n = 2n \end{cases}$$

有无穷多组正有理数解.

定理 1.13 中的和式称为二阶初等对称函数. 特别地, 当 $n = 3$ 时, 丢番图方程组

$$\begin{cases} x_1 x_2 + x_2 x_3 + x_3 x_1 = 11, \\ x_1 x_2 x_3 = 6 \end{cases}$$

有无穷多组正有理数解, 其中的三组解为

$$(3, 2, 1), \quad \left(\frac{91}{25}, \frac{65}{49}, \frac{610}{169}\right), \quad \left(\frac{487138}{152881}, \frac{437529}{426409}, \frac{255323}{139129}\right).$$

定理 1.14 对每一个正整数 k, 存在无穷多的本原集合的 k 组 n 元正整数有相同的二阶对称函数值与相同的积.

备注 1.2 当 $x_1, x_2, \cdots, x_{n-3}$ 取任意的正有理数时, 我们可以将方程 (1.8) 变成

$$\begin{cases} x_1 + x_2 + \cdots + x_n = a, \\ x_1 x_2 \cdots x_n = b \end{cases}$$

来研究，这里 a,b 为给定的有理数，用类似的方法可以得到更一般的结论.

2012 年，我把关于新华林问题的第一篇文章寄给剑桥大学三一学院的贝克 (Alan Baker, 1939—2018) 教授，他是华林问题的专家，是 1974 年菲尔兹奖的得主. 不久，我收到他的回信，给予我们热情的鼓励，他赞扬这是对华林问题"真正原创性的贡献". 正是在贝克等的鼓励下，我们把加乘方程的思想拓展开来，应用到其他经典数论问题中去，并开创了若干新问题和新方向.

参考文献

[Vaughan 1] Vaughan R C. The Hardy-Littlewood Method. Cambridge: Cambridge University Press, 1981.

[Hua 1] 华罗庚. 数论导引. 北京: 科学出版社, 1957.

[Li 1] Li H Z. Waring's problem for sixteenth powers. Sci. China Ser. A, 1996, 39: 56-64.

[Cai-Chen] Cai T X, Chen D Y. A new variant of the Hilbert-Waring problem. Mathematics of Computation, 2013, 82: 2333-2341.

[Cai 1] Cai T X. A Modern Introduction to Classical Number Theory. Singapore: World Scientific, 2021.

[Alaca-Williams 1] Alaca S, Williams K. Introductory Algebraic Number Theory. Cambridge: Cambridge University Press, 2003.

[Weisstein 1] Weisstein E W. Prime representation. From Math World, A Wolfram Web Resource. http://mathworld.wolfram.com/PrimeRepresentation.html

[Nagell 1] Nagell T. Introduction to Number Theory. London: Chelsea, 1951.

[Chakraborty 1] Chakraborty K. On the Diophantine equation $x + y + z = xyz = 1$. Annales Univ. Sci. Budapest., Sect. Comp., 2007, 27: 145-154.

[Mordell 1] Mordell L J. The Diophantine equation $x^3 + y^3 + z^3 + kxyz = 0$. Collque sure le theorie des nombres, Bruselles, 1955: 67-76.

[Cassels 1] Cassels J. On a diophantine equation. Acta Arithmetica, 1960, 6(1): 47-52.

[Sansone-Cassels 1] Sansone G, Cassels J. Sur le probleme de M. Werner mnich. Acta Arithmetica, 1962, 7: 187-190.

[Schinzel 1] Schinzel A. Triples of positive integers with the same sum and the same product. Serdica Math. J., 1996, 22: 587-588.

[Cai-Zhang 1] Cai T X, Zhang Y. N-Tuples of positive integers with the same sum and the same product. Mathematics of Computation, 2013, 82: 617-623.

[Silverman-Tate 1] Silverman J, Tate J. Rational Points on Elliptic Curves. New York: Springer, 2004.

参考文献

[Skolem 1] Skolem T. Diophantische Gleichungen. Chelsea, 1950.

[Cai-Zhang 2] Zhang Y, Cai T X. N-Tuples of positive integers with the same second elementary symmetric function value and the same product. Journal of Number Theory, 2012, 132: 2065-2074.

第 2 章 新费尔马问题

> 对此命题我有一个十分美妙的证明,
> 可惜这里空白太小, 写不下来.
>
> ——皮耶罗·德·费尔马

2.1 费尔马大定理

第 1 章我们提到, 费尔马 (图 2.1) 为丢番图的著作《算术》拉丁文版所作的第 18 条注记是关于 4 平方和定理, 即每个正整数均可表示成 4 个整数的平方和. 费尔马一共为《算术》写了 48 条注记, 在他去世后由其儿子塞缪尔·费尔马整理出版. 著名的费尔马大定理是第 2 条注记, 他写在丢番图的第 8 问题, 即有关毕达哥拉斯方程 (勾股方程)

$$x^2 + y^2 = z^2 \tag{2.1}$$

的解的那页的空白处.

图 2.1 费尔马像

(2.1) 的正整数解被称为毕达哥拉斯三数组 (Pythagoras triple) 或勾股数. 早在 3000 年前, 中国人就知道 (3, 4, 5) 是最小的一组正整数解. 但巴比伦人留下的泥版书显示，他们可能更早知道三数组和毕氏定理的存在. (2.1) 满足 $(x,y) = 1$ 的正整数解被称为既约解.《算术》一书里给出了 (2.1) 满足 $(x,y) = 1$ 的全部既约解为

$$x = 2ab, \quad y = a^2 - b^2, \quad z = a^2 + b^2,$$

其中 $a > b > 0, (a,b) = 1, a + b \equiv 1 \pmod{2}$.

这个结果早在欧几里得的著作《几何原本》里便已经给出，故也被称为欧几里得公式，它的证明有赖于下述结论：若一个平方数等于两个互素的正整数的乘积，则这两个正整数本身也是平方数. 有了欧几里得公式，就可以得到 (2.1) 的全体正整数解，即在上述每组解的基础上任意乘上一个整数.

特别地，取 $a = n+1, b = n$，即得到 (2.1) 的无穷多个解

$$x = 2n + 1, \quad y = 2n^2 + 2n, \quad z = 2n^2 + 2n + 1.$$

按照古希腊最后一位主要哲学家普罗克洛斯 (Proclus, 约 410—485) 的说法，上述解答归功于毕达哥拉斯. 他对那种斜边比其中一条直角边长 1 的三角形尤其感兴趣，例如，当 n 取 1, 2 和 3 时，分别得到 (3, 4, 5), (5, 12, 13) 和 (7, 24, 25) 这三组解.

另外一组第 3 小的正整数解是 (8, 15, 17)，普罗克洛斯认为它是由柏拉图发现的，确切地说，柏拉图研究的是下列正整数组

$$x = 2n, \quad y = n^2 - 1, \quad z = n^2 + 1.$$

当 $n > 1$ 为偶数时，每一组均为 (2.1) 的既约解. 显然，这对应于欧几里得公式中取 $a = n, b = 1$ 的解，即斜边比其中一条直角边长 2 的三角形.

费尔马反复阅读了 (2.1) 的求解过程和欧几里得公式，他试着考虑把方程的次数从 2 次改为 3 次、4 次、5 次的情形. 但是在此之前，费尔马恐怕还从其他角度考虑了毕氏方程的解问题，尤其是整数表平方和问题. 例如，费尔马的第 7 条注记有着丰富的内容，可以分成两部分.

第一部分是有关素数表平方和的问题.

如果 p 是被 4 除余 1 的素数 (例如 5、13、17 等)，则存在满足

$$p = x^2 + y^2$$

的正整数对 (x, y). 例如，

$$5 = 2^2 + 1^2, \quad 13 = 3^2 + 2^2, \quad 17 = 4^2 + 1^2.$$

而如果 p 为被 4 除余 3 的素数 (例如 3,7,11)，那么，上述表示法连有理数解都不存在.

第二部分是有关素数幂表平方和的问题. 特别地, 素数平方表平方和的问题.

如果 p 是模 4 余 1 的素数, 则存在斜边长为 p, 三边长均为整数的直角三角形. 然而, 对于模 4 余 3 的素数, 却不存在这样的三角形.

例如, $5^2 = 4^2 + 3^2$, $13^2 = 12^2 + 5^2$, $17^2 = 15^2 + 8^2$.

到了 20 世纪中叶, 这一问题成为类域论 (class field theory) 的序曲. 简而言之, 利用了复数或虚数 $i = \sqrt{-1}$ 的有关性质. 例如, 就上述费尔马有关模 4 余 1 的素数表平方和问题,

$$5 = 2^2 + 1^2 = (2+i)(2-i),$$
$$13 = 3^2 + 2^2 = (3+2i)(3-2i),$$
$$17 = 4^2 + 1^2 = (4+i)(4-i).$$

在高斯整数环 $Z[i] = \{a+bi \mid a, b \in Z\}$ 中, $2\pm i, 3\pm 2i, 4\pm i$ 都是 "素元"(prime element), 相当于在一般整数环 Z 中的素数. 按照算术基本定理, 任何正整数均可唯一分解成素数的乘积 (如果不计顺序的话). 同样, 在高斯整数环里算术基本定理依然成立 (除了单位因子 $\pm 1, \pm i$ 的差异). 每个模 4 余 1 的素数均可分解成两个共轭的素元之积, 而每个模 4 余 3 的素数在 $Z[i]$ 中本身便是素元, 故而无法分解成两个素元之积, 也就无法表示成两个非零整数的平方和.

又如, 素数平方表平方和问题, 依然可以利用 $Z[i]$ 的素元分解性质.

$$5^2 = (2+i)^2(2-i)^2 = (3+4i)(3-4i) = 3^2 + 4^2,$$
$$13^2 = (3+2i)^2(3-2i)^2 = (5+12i)(5-12i) = 5^2 + 12^2,$$
$$17^2 = (4+i)^2(4-i)^2 = (15+8i)(15-8i) = 8^2 + 15^2.$$

正是因为对于毕达哥拉斯定理有诸如此类的研究, 费尔马在 1637 年前后, 才在第 2 条注记中这样写道:

不可能将一个立方数写成两个立方数之和; 或者将一个 4 次幂写成两个 4 次幂之和; 或者, 总的来说, 不可能将一个高于 2 次的幂写成两个同样幂次的和.

在这个注记的边上, 还有一个附加的注记:

对此命题我有一个十分美妙的证明, 可惜这里空白太小, 写不下来.

2.1 费尔马大定理

这个问题便是闻名于世的费尔马大定理, 它困扰了一代又一代数学家. 直到 1995 年, 英国数学家怀尔斯 (Andrew Wiles, 1953—) 最终证明了费尔马大定理, 即费尔马方程

$$x^n + y^n = z^n, \quad n \geqslant 3 \tag{2.2}$$

无正整数解.

显而易见, 我们只需证明 n 为奇素数的情形. 至于怀尔斯证明的思路, 我们在本章第 4 节有所描述. 值得一提的是, 在提出费尔马大定理以后, 费尔马并没有转向高次方程的研究, 而是仍然专注于二次方程. 例如, 1654 年 9 月 24 日, 已步入晚年的费尔马在写给帕斯卡的信中指出:

> 每个形如 $3k+1$ 的素数可以写成 x^2+3y^2, 每个形如 $8k+1$ 或 $8k+3$ 的素数可以写成 $x^2 + 2y^2$.

例如,

$$7 = 2^2 + 3 \cdot 1^2, \quad 13 = 1^2 + 3 \cdot 2^2, \quad 19 = 4^2 + 3 \cdot 1^2;$$
$$11 = 3^2 + 2 \cdot 1^2, \quad 17 = 3^2 + 2 \cdot 2^2, \quad 19 = 1^2 + 2 \cdot 3^2.$$

关于费尔马在注记里所说的大定理的证明, 自然没有人见到过. 而从后来怀尔斯的证明所用的工具和难度来看, 费尔马的时代尚难以做到. 或许我们可以这么猜测, 费尔马的附加注记是一则美丽的谎言或诱饵, 他希望引人注意, 犹如阿基米德的 "Eureka!" 不过, 费尔马还是利用了他发明的无穷递降法给出了 $n = 4$ 时无解的证明, 他把它写在《算术》一书拉丁文版的空白处, 为此两次利用了欧几里得公式.

事实上, 费尔马证明了一个更强的结果, 即方程

$$x^4 + y^4 = z^2, \quad (x, y) = 1$$

无正整数解. 反设上式有解, 由欧几里得公式可得

$$x^2 = 2st, \quad y^2 = s^2 - t^2, \quad z = s^2 + t^2, \quad s > t, \quad (s, t) = 1.$$

我们有

$$t^2 + y^2 = s^2, \quad (t, y) = 1,$$

其中 y 和 s 是奇数, t 是偶数, $(s, 2t) = 1$.

由 $x^2 = s(2t)$, 可得 $s = u^2, 2t = v^2$. 再利用欧几里得公式可得

$$t = 2ST, \quad y = S^2 - T^2, \quad s = S^2 + T^2, \quad (S, T) = 1,$$

故有
$$\left(\frac{v}{2}\right)^2 = ST, \quad S = X^2, \quad T = Y^2,$$

从而
$$X^4 + Y^4 = S^2 + T^2 = s = u^2, \quad (X, Y) = 1.$$

令 $Z = u$, 则 $Z = u \leqslant u^2 = s < s^2 + t^2 = z$. 由递减法推出矛盾!

我们也可以用无穷递降法直接证明 (2.2) 在 $n = 4$ 时无正整数解, 为此我们只需证明椭圆曲线

$$y^2 = x^3 - x \tag{2.3}$$

仅有三个有理数点 $(0,0)$ 和 $(\pm 1, 0)$.

这是因为若 (2.2) 对 $n = 4$ 有正整数解, 将 y^4 移项, 再两端乘以 $\dfrac{z^2}{y^6}$, 可得

$$\left(\frac{x^2 z}{y^3}\right)^2 = \left(\frac{z^2}{y^2}\right)^3 - \frac{z^2}{y^2},$$

也就是说, 存在满足方程 (2.3) 的 $y \neq 0$ 的有理数.

下面我们扼要地来描述证明的思路.

对于有理数 $a = \dfrac{m}{n}, \gcd(m, n) = 1$, 定义其高为 $H(a) = \max(|n|, |m|)$. 假如 (E) 存在有 $(0, 0)$ 和 $(\pm 1, 0)$ 以外的有理数解, 选择 x 坐标高度最小者, 以 (x_0, y_0) 记之. 证明存在不同于 $(0, 0)$ 和 $(\pm 1, 0)$ 而坐标高度比 x_0 还小的 (2.3) 的有理数解, 从而产生矛盾!

1753 年, 客居柏林的欧拉在写给在莫斯科外交部门工作的哥德巴赫的信中说, 他证明了 $n = 3$ 时的费尔马猜想, 但其证明直到 1770 年他回到圣彼得堡后才出现在他本人的著作《代数指南》中, 其方法是费尔马的无穷递降法, 虚二次域 $Q(\sqrt{-3})$ 的整数环中的唯一因子分解定理和同余性质 (参见 [Hardy-Wright 1] 的 13.4). 事实上, 欧拉证明的是更强的结果, 即下列方程

$$\alpha^3 + \beta^3 + \gamma^3 = 0$$

在虚二次域 $Q(\sqrt{-3})$ 的整数环中无平凡解, 即无满足 $\alpha \neq 0, \beta \neq 0, \gamma \neq 0$ 的解. 我们将在第 4 章讨论关于欧拉猜想的变种时利用椭圆曲线的方法给出 $n = 3$ 时的费尔马猜想一个简洁的证明.

1816 年, 巴黎科学院认定费尔马的这个猜想应该成立, 而他提出的其他猜想似乎均已被证明, 故而将其命名为费尔马最后的定理. 中文将其译为费尔马大定

2.1 费尔马大定理

理, 以对应于费尔马小定理), 并为证明者设立大奖和奖章, 从此费尔马大定理为世人瞩目.

法国女数学家索菲·热尔曼 (Sophie Germain, 1776—1831) 证明了当 n 和 $2n+1$ 都是素数 (后人称 n 为索菲·热尔曼素数) 时, 满足费尔马方程的 x, y, z 至少有一个是 n 的倍数. 在此基础上, 1825 年, 年仅 20 岁的德国数学家狄利克雷 (P. G. L. Dirichlet, 1805—1859) 和法国数学家勒让德 (A.M. Legendre, 1752—1833) 各自独立证明了费尔马大定理在 $n=5$ 时成立, 用的是欧拉方法的延伸, 但避开了唯一因子分解定理 (图 2.2).

图 2.2 索菲·热尔曼大楼 (作者摄于巴黎大学)

1839 年, 法国数学家拉梅 (Gabriel Lame, 1795—1870) 对热尔曼的方法作了进一步改进, 并证明了 $n=7$ 的情形.

1844 年, 德国数学家库默尔 (Ernst Kummer, 1810—1893) 提出了 "理想数" 的概念, 使得费尔马大定理取得重要突破. 三年以后, 他又提出了正则素数的概念, 素数 p 为正则素数的一个等价条件是, p 不整除分圆域 $Q(\zeta_p)$ 的类数. 库默尔证明了, 对于正则素数 p, 方程 (2.2) 无解. 他还验证了小于 100 的素数中, 只有 37, 59 和 67 是非正则的.

1847 年, 巴黎科学院上演了戏剧性的一幕, 数学家拉梅和柯西先后宣布证明费尔马大定理, 拉梅声称证明利用了刘维尔 (Joseph Liouville, 1809—1882) 有关分圆域的唯一因子分解性质, 刘维尔则说这一定理源自欧拉和高斯的思想. 结论似乎十分可靠, 可就在此时, 刘维尔收到了库默尔的来信, 指出分圆域的唯一因子分解定理并不普遍成立.

进入 20 世纪以后, 法国数学家勒贝格 (Henri L. Lebesgue, 1875—1941) 也曾向巴黎科学院提交一个费尔马大定理的证明, 结果仍然有错.

1908 年, 哥廷根皇家科学学会公布沃尔夫斯凯尔奖: 凡在 100 年内解决费尔马大定理者将获得 10 万马克奖励. 沃尔夫斯凯尔 (Paul Wolfskehl, 1856—1906) 是德国实业家, 年轻时曾为情所困决意自杀, 但自杀前夕读到库默尔论述柯西和拉梅证明费尔马定理的错误, 让他情不自禁地计算到天明, 放弃了执念, 数学让他重生后来成为大富豪, 遂于去世前立下遗嘱, 将一半遗产捐赠设奖, 以谢救命之恩.

另一方面, 经过繁复的计算, 库默尔与他的一位同事逐一验证了, 当 n 为非正则素数 37, 59 和 67 时, 方程 (2.2) 仍无解. 可是, 对于越来越大的非正则素数 n, 验证无解会越来越困难. 在库默尔去世 22 年以后, 人们发现, 非正则素数有无穷多个, 而至今尚未知晓正则素数是否有无穷多个.

幸好有了电子计算机, 加上类似莱默同余式等方法, 到 20 世纪 80 年代, 美国伊利诺伊大学的瓦格斯塔夫 (Samuel S. Wagstaff) 将无解的范围扩大到 $n \leqslant 25000$. 而到怀尔斯证明费尔马大定理的时候, 已经验证到 $n \leqslant 4000000$, 方程 (2.2) 无解. 无论如何, 最超级计算机也只能验算有限的数据, 无法证明对所有素数指数 p 方程 (2.2) 无解.

怀尔斯的证明恰逢其时, 他领走了沃尔夫斯凯尔留下的奖金. 这是一项划时代的成就, 是 20 世纪数论领域最重要的进展, 被誉为 "20 世纪的数学成就", 正如 1896 年素数定理的证明被誉为 "19 世纪的数学成就". 它们被视为数学领域的 "大白鲨", 怀尔斯也因此超龄获得了菲尔兹特别奖.

实际上, 怀尔斯证明的是两位日本数学家谷山丰 (Yutaka Taniyama, 1927—1958) 和志村五郎 (Goro Shimura, 1930—2019) 于 1955 年提出的谷山-志村猜想, 即有理数域上的椭圆曲线都是模曲线 (图 2.3 是志村五郎的办公室). 1986 年, 德国数学家弗莱 (Gerhard Frey, 1944—) 提出了所谓的 "ε-猜想": 如果费尔马大定理不成立, 则椭圆曲线

$$y^2 = x(x - a^n)(x + b^n)$$

会是谷山-志村猜想的一个反例. 弗莱的猜想稍后被美国数学家里贝特 (Kenneth Ribet) 证实, 从而揭示了费尔马大定理与椭圆曲线及模形式的密切联系, 谷山-志村猜想可以导出费尔马大定理.

费尔马大定理已有若干著名的推广, 例如比尔猜想. 比尔 (Andrew Beal, 1952—) 是美国的一位商人和银行家, 痴迷于数论, 他于 1993 年率先猜测, 当 a, b, c 均为大于或等于 3 的整数时, 方程

2.1 费尔马大定理

$$x^a + y^b = z^c, \quad (x,y,z) = 1$$

无正整数解.

图 2.3 志村五郎的办公室 (照片为作者摄于普林斯顿)

上式的互素条件是必要的, 会有很多反例, 如 $3^3 + 6^3 = 3^5$, $7^6 + 7^7 = 98^3$. 此外, 还有一般的公式

$$[a(a^m + b^m)]^m + [b(a^m + b^m)]^m = (a^m + b^m)^{m+1},$$

其中 a, b 是任意正整数, $m \geq 3$. 特别地, 取 $a = b = 1$, 则有 $2^m + 2^m = 2^{m+1}$.

又如, 1995 年, 法裔加拿大数学家 Darmon 和英国数学家 Granville (参见 [Darmon-Granville 1]) 提出了以下所谓的费尔马-卡塔兰猜想

费尔马-卡塔兰猜想 只有有限多互素的三数组 $\{x^p, y^q, z^r\}$ 满足方程

$$x^p + y^q = z^r, \tag{F-C}$$

其中 p, q, r 是满足 $\dfrac{1}{p} + \dfrac{1}{q} + \dfrac{1}{r} < 1$ 的正整数.

迄今为止, 人们只发现 10 组 (种) 解, 即

$$1 + 2^3 = 3^2, \quad 2^5 + 7^2 = 3^4, \quad 13^2 + 7^3 = 2^9, \quad 2^7 + 17^3 = 71^2, \quad 3^5 + 11^4 = 122^2,$$

$$33^8 + 1549034^2 = 15613^3, \quad 1414^3 + 2213459^2 = 65^7,$$

$$9262^3 + 15312283^2 = 113^7, \quad 17^7 + 76271^3 = 21063928^2,$$

$$43^8 + 96222^3 = 30042907^2.$$

值得注意的是, 每一组解都恰好含有一个平方项. 也就是说, 还没有找到一组解, 其中每个指数都大于或等于 3. 换句话说, 它们不是比尔猜想的反例.

显然, 比尔方程是费尔马-卡塔兰方程的特殊情形. 假如 abc 猜想成立, 则可以推出, 比尔猜想或费尔马-卡塔兰方程的反例至多有有限多个. 值得一提的是, 2013 年, 比尔本人设立了 100 万美元的奖金给比尔猜想的第一个证明者或否定者.

2.2　新费尔马问题

2011 年 10 月, 受新华林问题的启发, 作者提出了新费尔马问题, 即考虑方程

$$\begin{cases} A + B = C, \\ ABC = x^n \end{cases} \tag{2.4}$$

的正整数解. 设 $d = \gcd(A, B, C)$, 当 $d = 1$ 时, 方程 (2.4) 等同于费尔马大定理. 也就是说, (2.4) 无正整数解.

设 $\omega(n)$ 表示 n 的不同素因子的个数, 当 $d = 1$ 时, $\omega(d) = 0$. 我们考虑 $\omega(d) = 1$ 的情形, 不妨设 $n > 3$ 为素数 p. 数据表明, $d = q^\alpha$, 其中 α 满足 $3\alpha + 1 \equiv 0 \pmod{p}$. 以 $p = 5$ 为例, 研究 q 的形式.

令 a 为正整数, b 为整数, $(a,b) = 1, a + b = m^5$, $\dfrac{a^5 + b^5}{a + b} = q$ 是素数. 注意到

$$q = (a^3 - b^3)(a - b) + a^2 b^2 \geqslant \max\{a^2, b^2\},$$

故 $(q, a) = (q, b) = 1$, 令

$$A = q^3 a^5, \quad B = q^3 b^5, \quad C = q^4(a + b).$$

则 $\{A, B, C\}$ 满足 (2.1), 且 $d = (A, B, C) = q^3$.

例如, 取 $a = n + 1, b = -n$, 则 $q = (n+1)^5 - n^5$, $q =$31, 211, 4651, 61051, 371281, $\cdots$. 另一方面, 令 $a_1 + b_1 = c_1^{5r}$, 例如 $r=1, c_1 = 2$, 则有解

$$\{a_1, b_1, q, c_1\} = \{11, 21, 132661, 2\}, \{9, 23, 202981, 2\}.$$

31 和 132661 分别是最小的广义梅森素数和非广义梅森素数, 使得 (2.4) 有解, 且 $d = 31^\alpha, 132661^\alpha$, 其中 $\alpha = 3$ 满足 $3\alpha + 1 \equiv 0 \pmod 5$, 即

$$31^3 + 31^4 = 31^3 32,$$

$$132661^3 11^5 + 132661^3 21^5 = 132661^4 32.$$

对上述新费尔马问题, 我们 (蔡天新, 陈德溢, 张勇, 参见 [Cai-Chen-Zhang 1], 此文被英文版维基百科 "费尔马大定理" 条目收作参考文献) 做了一番研究.

定理 2.1　设 $n \geqslant 3$, 若 $n \not\equiv 0 \pmod 3$, 则 (2.4) 无正整数解; 若 $n \not\equiv 0 \pmod 3$, 则 (2.4) 有无穷多个正整数解.

证明 若 $n \not\equiv 0 \pmod 3$, 则存在正整数 k, 使得 $3k+2 \equiv 0 \pmod n$. 由毕达哥拉斯三数组的性质知, 存在无穷多组正整数 (a,b,c) 满足 $a^2+b^2=c^2$. 令

$$\begin{cases} A = a^{k+2}b^k c^k, \\ B = a^k b^{k+2} c^k, \\ C = a^k b^k c^{k+2}. \end{cases}$$

则 (A,B,C) 满足 (2.4), 其中 $D = (abc)^{\frac{3k+2}{n}}$.

又若 $n \equiv 0 \pmod 3$, 则有 (A,B,C) 满足 (2.4) 的一组解. 令 $d = \gcd(A,B,C)$, 则 $\gcd\left(\dfrac{A}{d}, \dfrac{B}{d}, \dfrac{C}{d}\right) = 1, d^3 | D^n$. 可是 $3|n$, 故而 $d | D^{\frac{n}{3}}$, 且

$$\begin{cases} \dfrac{A}{d} + \dfrac{B}{d} = \dfrac{C}{d}, \\ \dfrac{A}{d} \cdot \dfrac{B}{d} \cdot \dfrac{C}{d} = \left(\dfrac{D^{n/3}}{d}\right)^3. \end{cases}$$

从而有 $\dfrac{A}{d} = x^3, \dfrac{B}{d} = y^3, \dfrac{C}{d} = z^3, x^3+y^3 = z^3$, 与费尔马大定理矛盾. 定理 2.1 得证.

定理 2.2 设 $\gcd(A,B,C) = p^k, k \geqslant 1$. 当 $n = 4$ 时, 若 p 是奇素数, $p \equiv 3 \pmod 8$, 则 (2.4) 无正整数解; 当 $n = 5$ 时, 若 $p \not\equiv 1 \pmod{10}$, 则 (2.4) 无正整数解.

备注 2.1 $p = 2$, 或 $p \equiv 1, 5, 7 \pmod 8$ 时, (2.4) 可能有满足 $\gcd(A,B,C) = p$ 的正整数解. 例如,

$$\begin{cases} 2+2=4, \\ 2\times 2\times 4 = 2^4, \end{cases} \quad \begin{cases} 17+272=289, \\ 7\times 272\times 289 = 34^4, \end{cases} \quad \begin{cases} 5+400=405, \\ 5\times 400\times 405 = 30^4, \end{cases}$$

$$\begin{cases} 47927607119 + 1631432881 = 49559040000, \\ 47927607119 \times 1631432881 \times 49559040000 = 44367960^4, \end{cases}$$

其中, $\gcd(A,B,C)$ 分别等于素数 $2, 17, 5$ 和 239.

为证明定理 2.2, 我们需要引入两个引理.

引理 2.1 设 p 是素数, $n \geqslant 2$ 为整数, 若 $\gcd(A,B,C) = p^k, k \geqslant 1$, 且 $k \equiv 0 \pmod n$, 则 (2.4) 无非零整数解.

证明 设 $A_1 = \dfrac{A}{p^k}, B_1 = \dfrac{B}{p^k}, C_1 = \dfrac{C}{p^k}$, 则 (2.4) 变成

$$\begin{cases} A_1 + B_1 = C_1, \\ p^{3k} A_1 B_1 C_1 = D^n. \end{cases}$$

可是 $k \equiv 0 \pmod{n}$, A_1, B_1, C_1 两两互素, 故而 $A_1 = x^n, B_1 = y^n, C_1 = z^n$, $x^n + y^n = z^n$. 由费尔马大定理, 必有 $xyz = 0$, 故而 $ABC = 0$. 矛盾! 引理 2.1 得证.

引理 2.2 若 $A > 2$ 为正整数, 且 A 没有形如 $10k + 1$ 的素因子, 则

$$\begin{cases} x^5 + y^5 = Az^5, \\ \gcd(x, y) = 1 \end{cases}$$

无非零整数解. 若 $A = 2$, 则上述方程的解为 $(x, y, z) = \pm(1, 1, 1)$.

引理 2.2 是由法国数学家 V. A. 勒贝格 (比实分析的奠基人 H. L. 勒贝格要早) 于 1843 年作为猜想提出的. 直到 2004 年, 才由 Emmanual Halberstadt 和 Alain Kraus 证明 (参见 [Halberstadt-Kraus 1]).

定理 2.2 的证明 先证前半部分. 由引理 2.1, 我们只需讨论 $k \not\equiv 0 \pmod{4}$ 的情形. 设奇素数 $p \equiv 3 \pmod{8}$, (2.4) 有解 (A, B, C). 考虑到 $\gcd(A, B, C) = p^k$, (2.4) 可变成

$$\begin{cases} A_1 + B_1 = C_1, \\ p^{3k} A_1 B_1 C_1 = D^4, \end{cases} \tag{2.5}$$

其中 $A_1 = \dfrac{A}{p^k}, B_1 = \dfrac{B}{p^k}, C_1 = \dfrac{C}{p^k}$ 两两互素. 由于 $k \not\equiv 0 \pmod{4}$, 故而 A_1, B_1 和 C_1 中有且仅有一个被 p 整除. 设 $3k \equiv r \pmod{4}$, $1 \leqslant r \leqslant 3$, 由 (2.5), 我们有 (如有必要, A_1 和 B_1 可交换)

$$\begin{cases} A_1 = x^4, \\ B_1 = y^4, \\ C_1 = p^{4-r} z^4, \end{cases} \tag{2.6}$$

或

$$\begin{cases} A_1 = p^{4-r} z^4, \\ B_1 = y^4, \\ C_1 = x^4, \end{cases} \tag{2.7}$$

其中 x, y 和 pz 两两互素.

假如 A_1, B_1 和 C_1 满足 (2.6), 则

$$x^4 + y^4 = p^{4-r} z^4. \tag{2.8}$$

由于 $\gcd(y,p) = 1$, 故而存在 $s \not\equiv 0 \pmod{p}$, 使得 $sy \equiv 1 \pmod{p}$. 由 (2.8), 我们即得

$$(xs)^4 \equiv -1 (\bmod\ p).$$

这就意味着 -1 是模 p 的二次剩余, 故必有 $p = 2$ 或 $p \equiv 1 \pmod 4$. 矛盾!

假如 A_1, B_1 和 C_1 满足 (2.7), 则

$$x^4 - y^4 = p^{4-r}z^4. \tag{2.9}$$

若 $r = 2$, 则有 $x^4 - y^4 = (pz^2)^2$. 另一方面, 已知方程 $X^4 - Y^4 = Z^2$ 无非零整数解. 故 $r = 1$ 和 3, (2.9) 可分别变成

$$x^4 - y^4 = p(pz^2)^2$$

和

$$x^4 - y^4 = p(z^2)^2.$$

最后, 我们要用到同余数的两个性质, 其定义参见第 5 章. 其一, 当素数 $p \equiv 3 \pmod 8$ 时, p 不是同余数. 其二, 若方程 $x^4 - y^4 = cz^2$ 有有理数解且 $xyz \neq 0$, 则 $|c|$ 必为同余数.

现在, 我们来证明定理的后半部分. 由引理 2.1, 我们只需讨论 $k \not\equiv 0 \pmod 5$ 的情形. 注意到 $\gcd(A, B, C) = p^k$, (2.4) 可变换成

$$\begin{cases} A_1 + B_1 = C_1, \\ p^{3k}A_1B_1C_1 = D^5, \end{cases} \tag{2.10}$$

其中 $A_1 = \dfrac{A}{p^k}, B_1 = \dfrac{B}{p^k}, C_1 = \dfrac{C}{p^k}$ 两两互素. 由于 $k \not\equiv 0 \pmod 5$, 故而 A_1, B_1 和 C_1 中有且仅有一个被 p 整除. 设 $3k \equiv r \pmod 5$, $1 \leqslant r \leqslant 4$, 由 (2.10), 我们有 (如有必要, A_1, B_1 和 C_1 可交换)

$$\begin{cases} A_1 = x^5, \\ B_1 = y^5, \\ C_1 = p^{5-r}z^5, \end{cases} \tag{2.11}$$

其中 x, y 和 pz 两两互素. 由 (2.10) 和 (2.11) 可得

$$x^5 + y^5 = p^{5-r}z^5. \tag{2.12}$$

可是, 奇素数 $p \not\equiv 1 \pmod{10}$, 由引理 2.1, (2.12) 无正整数解. 定理 2.2 得证.

此外, 我们也提出了下列猜想, 设 p 为奇素数.

猜想 2.1 若 $\gcd(A, B, C) = p, n$ 是奇素数, 则方程 (2.4) 无非负整数解.

猜想 2.2 若 $\gcd(A, B, C) = p^k, k \geqslant 1, n$ 是奇素数, 则当 $p \not\equiv 1 \pmod{2n}$ 时, (2.4) 无非负整数解.

猜想 2.3 若 $n > 3$ 是素数, $n \equiv r \pmod{3}, 1 \leqslant r \leqslant 2$, 且 $\gcd(A, B, C) = p^k$, 其中 k 是正整数, p 是奇素数, 且 $p \not\equiv 1 \pmod{2n}$, 则 (2.4) 没有正整数解.

若 $n = 3$, 由定理 2.1 可以确认猜想 2.1 是成立的.

备注 2.2 假如 abc 猜想成立, 则猜想 2.1 对固定的 p 和充分大的 n 是成立的, 此处 n 无需是素数.

证明 因 $\gcd(A, B, C) = p$, 故 (2.4) 变成了
$$\begin{cases} \dfrac{A}{p} + \dfrac{B}{p} = \dfrac{C}{p}, \\ ABC = D^n. \end{cases}$$

从而
$$\operatorname{rad}\left(\frac{ABC}{p^3}\right) = \operatorname{rad}\left(\frac{D^n}{p^3}\right) = \operatorname{rad}\left(\left(\frac{D}{p}\right)^3 D^{n-3}\right) \leqslant \operatorname{rad}(D), \quad C > D^{n/3}.$$

对于任意 $n \geqslant 7, 0 < \varepsilon < \dfrac{1}{3}$, 我们有
$$p \leqslant D = D^{\frac{7}{3} - 1 - \frac{1}{3}} \leqslant D^{\frac{7}{3} - 1 - \varepsilon}.$$

因此
$$q\left(-\frac{A}{p}, -\frac{B}{p}, \frac{C}{p}\right) = \frac{\log\left(\dfrac{c}{p}\right)}{\log\left(\operatorname{rad}\left(\dfrac{ABC}{p^3}\right)\right)}$$
$$\geqslant \frac{\dfrac{x}{3}\log D - \left(\dfrac{3}{7} - 1 - g\right)\log D}{\log D}$$
$$\geqslant 1 + \varepsilon.$$

由 abc 猜想的第三种形式, 只存在有限多的三数组 $\left(-\dfrac{A}{p}, -\dfrac{B}{p}, \dfrac{C}{p}\right)$. 令
$$A_1 = \frac{A}{p}, \quad B_1 = \frac{B}{p}, \quad C_1 = \frac{C}{p},$$

2.2 新费尔马问题

则 $\gcd(A_1, B_1, C_1) = 1, p^3 A_1 B_1 C_1 = D^n$. 设 M 是最大的整数 m, 存在素数 q 使得 $q^m | A_1 B_1 C_1$. 因此, 若 $n > M + 3$, 则 $p^3 A_1 B_1 C_1 = D^n$ 无解. 故当 $\gcd(A, B, C) = p$ 时, 对充分大的正整数 n, (2.4) 无解.

最后, 若 $n > 3$ 是素数, 我们来构造素数 p, 使得 (2.4) 有正整数解 (A, B, C) 满足 $\gcd(A, B, C) = p^k$.

定理 2.3 若 $n > 3$ 是素数, $n \equiv r \pmod 3$, $1 \leqslant r \leqslant 2, a, b, m \neq 0$ 均为整数, 使得 $\dfrac{a^n + b^n}{a + b} = p$ 是奇素数, $a + b = m^n$, 则 $p \equiv 1 \pmod{2n}$, 且 (2.4) 存在正整数解满足 $\gcd(A, B, C) = p^k$, 其中正整数 $k \equiv \dfrac{rn - 1}{3} \pmod n$.

特别地, 令 $a = 2, b = -1, m = 1$, 我们可得

推论 2.1 若 $n > 3$ 是素数, $n \equiv r \pmod 3$, $1 \leqslant r \leqslant 2, p = 2^n - 1$ 是梅森素数, 则 (2.4) 存在正整数解满足 $\gcd(A, B, C) = p^k$, 其中正整数

$$k \equiv \frac{rn - 1}{3} \pmod n.$$

定理 2.3 的证明 首先, 我们证明 $f(x, y) = \dfrac{x^k + y^k}{x + y} > 0$, 其中 k 是正奇数, 对任意实数 x 和 y, $x + y \neq 0$ 成立. 显然, 当 $xy \geqslant 0$ 时, $f(x, y) > 0$. 下面假设 $xy < 0$, 对奇数 k 使用归纳法. 当 $k = 1$ 时, $f(x, y) = 1 > 0$. 假设对正奇数 k 成立, 其中 $x + y \neq 0$. 我们有

$$\frac{x^{k+2} + y^{k+2}}{x + y} = \frac{x^k + y^k}{x + y}(-xy) + x^{k+1} + y^{k+1} > 0.$$

由归纳假设, 结论成立.

由假设, $n > 3$,

$$0 < p = \frac{a^n + b^n}{a + b} = a^{n-1} - a^{n-2}b + a^{n-3}b^2 - \cdots + b^{n-1},$$

故而 $\gcd(p, a) = \gcd(p, b) = \gcd(a, b) = 1, \gcd(a, a + b) = \gcd(b, a + b) = 1$.

令

$$\begin{cases} A = p^{\frac{rn-1}{3} + tn} a^n, \\ B = p^{\frac{rn-1}{3} + tn} b^n, \\ C = p^{\frac{rn+2}{3} + tn}(a + b), \end{cases}$$

这里 r 是定理条件中定义的, t 为非负整数.

注意到 $a+b=m^n$, 可得 A,B,C 满足 (2.4), 其中 $x=p^{r+3t}abm$,

$$\gcd(A,B,C)=p^k,$$

这里正整数 $k \equiv \dfrac{rn-1}{3}+tn \equiv \dfrac{rn-1}{3}(\bmod\ n).$

最后, 我们来证明 $p \equiv 1(\bmod\ 2n)$. 因为 p 和 n 均为奇素数, 我们只需证明

$$p \equiv 1\ (\bmod\ n),$$

由 $\dfrac{a^n+b^n}{a+b}=p, n$ 是奇素数及费尔马小定理可得

$$p(a+b)=a^n+b^n \equiv a+b\ (\bmod\ n),$$

从而只需证明 $(p,a+b)=1$, 反设 $a+b \equiv 0\ (\bmod\ n)$, 则 $-b \equiv a\ (\bmod\ n)$,

$$p=\frac{a^n+b^n}{a+b}=a^{n-1}-a^{n-2}b+a^{n-3}b^2-\cdots+b^{n-1} \equiv na^{n-1} \equiv 0\ (\bmod\ n).$$

由于 p 和 n 均为素数, 故得 $p=n$.

下面分两种情况. 若 $ab<0$, 不妨设 $a>0, b<0$, 则

$$p=\frac{a^n+b^n}{a+b}=a^{n-1}-a^{n-2}b+a^{n-3}b^2-\cdots+b^{n-1}>n=p,$$

矛盾!

若 $ab \geqslant 0$, 不妨设 $a \geqslant 0, b \geqslant 0$, 注意到 $p=\dfrac{a^n+b^n}{a+b}$, 我们有 $a \neq b, ab \neq 0$. 由对称性, 可设 $a \geqslant 1, b \geqslant 2$.

当 $a=1, b \geqslant 2$ 时, $p=\dfrac{1+b^n}{1+b}=\dfrac{1+b^p}{1+b}$. 令 $f(b)=b^p+1-p(b+1)$, 则有

$$f'(b)=pb^{p-1}-p=p(b^{p-1}-1)>0,$$

因此

$$f(b) \geqslant f(2)=2^p+1-3p>0,$$

其中 p 是奇素数. 故而 $\dfrac{1+b^p}{1+b}>p$. 矛盾!

当 $a \geqslant 2, b \geqslant 2$ 时, $p=\dfrac{a^n+b^n}{a+b}=\dfrac{a^p+b^p}{a+b}>\dfrac{pa+pb}{a+b}=p$. 矛盾!

定理 2.3 得证.

下面, 对于 $n = 5, 7$, 我们列出满足定理 2.3 条件的一些素数 p 的解.

表 2.1　$n = 5$, 满足定理 2.3 的素数 $p, p < 10^7$

p	a	b	m	p	a	b	m
31	2	-1	1	1803001	25	-24	1
211	3	-2	1	2861461	28	-27	1
4651	6	-5	1	4329151	31	-30	1
61051	11	-10	1	4925281	32	-31	1
132661	11	21	2	5754901	45	-13	2
202981	9	23	2	7086451	35	-34	1
371281	17	-16	1	7944301	36	-35	1
723901	20	-19	1	8782981	49	-17	2
1641301	35	-3	2				

表 2.2　$n = 7$, 满足定理 2.3 的素数 $p, p < 10^{11}$

p	a	b	m	p	a	b	m
127	2	-1	1	1928294551	26	-25	1
14197	4	-3	1	8258704609	33	-32	1
543607	7	-6	1	14024867221	36	-35	1
1273609	8	-7	1	22815424087	39	-38	1
2685817	9	-8	1	30914273881	41	-40	1
5217031	10	-9	1	77617224511	59	69	2
16344637	12	-11	1	91154730577	49	-48	1
141903217	17	-16	1	98201826199	55	73	2

值得注意的是, 若 a 和 b 一正一负, 可以把负项移到等式的另一边, 依然是 (2.4) 的一组正整数解.

2.3　其他数域的情形

既然费尔马方程在有理数域上没有非零解, 因此人们开始寻找它在其他数域上的解, 结论最丰富的是它在二次域上的解的研究 (图 2.4 和图 2.5). 早在 1915 年, W. Burnside 就求出费尔马方程 ($n = 3$) 在二次域上的解

$$\begin{cases} x = -3 + \sqrt{-3(1 + 4k^3)}, \\ y = -3 - \sqrt{-3(1 + 4k^3)}, \\ z = 6k, \end{cases}$$

其中 k 为不等于 $0, -1$ 的有理数. 当 $k = 0$ 时, 费尔马方程在二次域 $Q(\sqrt{-3})$ 上没有非零解. 之后也有很多研究,

图 2.4　法国邮票上的费尔马方程

图 2.5　费尔马纪念碑在他的故乡图卢兹

将近一个世纪以后, 2013 年, M. Jones 和 J. Rouse 在 BSD 猜想假设下给出了费尔马方程在二次域 $Q(\sqrt{t})$ 上有非零解的充分必要条件, 其中 t 为无平方因子的整数.

我们考虑 $n = 3$ 时方程 (2.4) 在二次域 $Q(\sqrt{t})$ 上的非零解, 得到了以下命题.

命题 2.1　若 t 为不等于 $0, -1$ 的无平方因子整数, 且椭圆曲线

$$tu^2 = 1 + 4k^3$$

有非零有理数解 (u, k), 则当 $n = 3$ 时, (2.4) 在二次域 $Q(\sqrt{t})$ 上有无穷多组非零

2.3 其他数域的情形

解 (A, B, C, x).

证明 令 $A = a+b\sqrt{t}, B = c+d\sqrt{t}, x = e+f\sqrt{t}$. 当 $n = 3$ 时, 由 (2.4) 可得

$$a^2c + ac^2 + 2adtb + ad^2t + b^2tc + 2btcd$$
$$+ (2acb + 2acd + a^2d + bc^2 + tb^2d + tbd^2)\sqrt{t} = e^3 + 3ef^2t + f(3e^2 + f^2t)\sqrt{t},$$

故而

$$\begin{cases} a^2c + ac^2 + 2adtb + ad^2t + b^2tc + 2btcd = e^3 + 3ef^2t, \\ 2acb + 2acd + a^2d + bc^2 + tb^2d + tbd^2 = f(3e^2 + f^2t). \end{cases}$$

解上述两个方程可得

$$t = -\frac{a^2c + ac^2 - e^3}{ad^2 + b^2c + 2bcd + 2adb - 3ef^2}$$
$$= -\frac{2acb + 2acd + a^2d + bc^2 - 3fe^2}{b^2d + bd^2 - f^3}.$$

取 $e = kc, f = kd$, 由 t 的表达式可得方程

$$(ad + 2ab + cb - 2ck^3d)(d^2a^2 + c^2b^2 + 2cbda + 2c^2db + 2cd^2a - 4c^2d^2k^3) = 0.$$

考虑 $ad + 2ab + cb - 2ck^3d = 0$, 解得

$$d = -\frac{b(c + 2a)}{a - 2ck^3}.$$

因此

$$t = \frac{(a - 2ck^3)^2}{(1 + 4k^3)b^2}.$$

令 $a - 2ck^3 = (1 + 4k^3)b$, 则有

$$t = 1 + 4k^3.$$

如此, 得解

$$\begin{cases} A = (1 + 4k^3)a + (a - 2k^3c)\sqrt{1 + 4k^3}, \\ B = (1 + 4k^3)c - (2a + c)\sqrt{1 + 4k^3}, \\ C = (1 + 4k^3)(a + c) - (a + (2k^3 + 1)c)\sqrt{1 + 4k^3}, \\ x = (1 + 4k^3)kc - k(2a + c)\sqrt{1 + 4k^3}, \end{cases}$$

其中 $a, c, k \in Q - \{0\}$.

令 $tu^2 = 1 + 4k^3$, 其中 t 为不等于 $0, -1$ 的无平方因子的整数, 则当 $n = 3$ 时, (2.4) 在二次域 $Q(\sqrt{t})$ 上有非零解

$$\begin{cases} A = uta + (a - 2k^3 c)\sqrt{t}, \\ B = utc - (2a + c)\sqrt{t}, \\ C = ut(a + c) - (a + (2k^3 + 1)c)\sqrt{t}, \\ x = utkc - k(2a + c)\sqrt{t}. \end{cases}$$

例 2.1 当 $k = -1$ 时, $t = -3$, 故当 $n = 3$ 时, (2.4) 在二次域 $Q(\sqrt{-3})$ 上有非零解

$$\begin{cases} A = -3ua + (a + 2c)\sqrt{-3}, \\ B = -3uc - (2a + c)\sqrt{-3}, \\ C = -3u(a + c) - (a - c)\sqrt{-3}, \\ x = 3uc + (2a + c)\sqrt{-3}. \end{cases}$$

对任意给定的 t, 若要取得 Burnside 那样的解, 我们需要考虑下列椭圆曲线

$$tu^2 = -3(1 + 4k^3).$$

经过计算, 我们发现椭圆曲线 $tu^2 = 1 + 4k^3$ 和 $tu^2 = -3(1 + 4k^3)$ 有着相同的 j 不变量, 故而它们是同构的, 且有着相同的秩数. 如果它们的秩数大于 1, 则这两条椭圆曲线均有无穷多个有理点. 如果它们的秩数等于 0, 我们无法区分它们的挠点, 它们可能有有理点, 也可能没有有理点. 对于 $-50 \leqslant t \leqslant 50$, 且 t 无平方因子, 除了 $t = -3$, 再无其他 t 可求得上述解. 故而, 我们要问:

问题 2.1 除了 $t = -3$ 时, 是否存在其他 t, 使得当 $n = 3$ 时, (2.4) 在二次域 $Q(\sqrt{t})$ 上有非零解?

2.4 一种新的尝试

1984 年, 德国数学家法尔廷斯 (Gerd Faltings, 1954—) 证明了著名的莫德尔猜想之后, 我们就已知道, 对于每一组给定的 p, q, r, 亏格大于 1 (椭圆曲线是亏格为 1 的代数曲线) 的 (F-C) 方程至多只有有限多组解.

就在法尔廷斯证明莫德尔猜想的第二年, 法国数学家奥斯特莱 (Joseph Oesterlé) 和英国数学家马瑟 (David Masser) 各自独立地提出了所谓的 abc 猜想. 对于任意正整数 n, 定义它的根 $\mathrm{rad}(n)$ 为 n 的不同素因子乘积, 则 abc 猜想三种形式之一为

2.4 一种新的尝试

***abc* 猜想**　对于任意正数 $\varepsilon > 0$, 至多存在有限多的正整数组 (a,b,c), 使当满足 $a+b=c, (a,b)=1$ 时, 有

$$q(a,b,c) = \frac{\log c}{\log(\operatorname{rad}(abc))} > 1 + \varepsilon.$$

假如 *abc* 猜想成立, 则可以轻松地导出一些著名的定理和猜想, 包括罗特 (Roth) 定理 (1958 年菲尔兹奖)、贝克 (Baker) 定理 (1970 年菲尔兹奖)、莫德尔猜想 (1974 年菲尔兹奖)、费尔马大定理 (1998 年菲尔兹特别奖).

假如 *abc* 猜想成立, 我们也可以直接证明, (F-C) 方程只有有限多个解, 即费尔马-卡塔兰猜想成立. 事实上, 不妨设 $p \leqslant q \leqslant r$, 若 $r \geqslant 8$, 则

$$\frac{1}{p} + \frac{1}{q} + \frac{1}{r} \leqslant \frac{1}{2} + \frac{1}{3} + \frac{1}{8} = \frac{23}{24};$$

若 $r \leqslant 7$, 则 $\frac{1}{p} + \frac{1}{q} + \frac{1}{r}$ 只取有限多个值, 其中最大的是

$$\frac{1}{2} + \frac{1}{3} + \frac{1}{7} = \frac{41}{42} > \frac{23}{24}.$$

因而恒有

$$\frac{1}{p} + \frac{1}{q} + \frac{1}{r} \leqslant \frac{41}{42}.$$

如果有互素的 $\{a,b,c\}$ 满足 (F-C) 方程, 则由 $x < z^{\frac{r}{p}}, y < z^{\frac{r}{q}}$, 可得

$$q(x^p, y^q, z^r) = \frac{\log z^r}{\log(\operatorname{rad}(x^p y^q z^r))} = \frac{r \log z}{\log(\operatorname{rad}(xyz))} > \frac{r \log z}{\log(z^{r/p + q/p + 1})}$$
$$= \frac{r}{r/p + r/q + 1} = \frac{1}{1/p + 1/q + 1/r} \geqslant \frac{42}{41},$$

故在 *abc* 猜想假设下, (F-C) 方程至多有有限多组解.

显而易见, 比尔方程是费尔马-卡塔兰方程的特殊情形. 因此, 假如 *abc* 猜想成立, 则可以推出, 比尔猜想的反例至多有有限多个, 但并不能由费尔马-卡塔兰猜想推出比尔猜想.

2014 年, 卡塔兰猜想 (详见第 3 章) 的证明者、罗马尼亚裔瑞士数学家、德国哥廷根大学教授米哈伊莱斯库 (Preda Mihailescu, 1955—) 在《欧洲数学会通讯》上发表了一篇有关 *abc* 猜想的综述文章 (参见 [Mihailescu 1])(图 2.6). 在这篇文章的最后一节, 他用冠名 "变种" 来专门介绍作者提出的加乘方程, 并就新华林问题和新费尔马方程举例说明.

2018 年秋天, 作者美国访问期间, 曾应邀在多所大学报告加乘方程的有关工作, 包括新华林问题和新费尔马方程. 特别地, 在做普林斯顿大学数学系报告时, IAS (普林斯顿高等研究院 (图 2.7)) 成员 (member) Shai Evra 对此问题表现出极大的兴趣, 在随后的一年里我们通了一些信函, 他建议并提出具体的方法来研究新费尔马方程, 主要是沿着怀尔斯证明费尔马大定理的思路.

图 2.6　2018 年初春, 作者与米哈伊莱斯库在布加勒斯特

图 2.7　普林斯顿高等研究院 (作者摄)

不失一般性, 可设 A 和 B 一奇一偶, $4|(A+1), 32|B$.

第 1 步　考虑指数 (NF) 方程中 n 为素数 $p \geqslant 5$ 的情形, 半稳定椭圆曲线 E 定义了下列有理数域上伽罗瓦群的一个表示

$$\rho(E,p): \mathrm{Gal}(Q)/(Q) \to \mathrm{GL}_2(F_p).$$

按照里贝特定理 (曾在怀尔斯的证明中起关键作用), 这个 $\rho(E,p)$ 是不可约的, 且在 2 和 p 上是分歧的 (ramifies).

第 2 步 由怀尔斯证明的半稳定椭圆曲线上的谷山–志村猜想, E 是有理数域上的模曲线. 进一步, 设 f 是权 2 阶 N_E 的 Hecke 尖点模形式, 其中 $N_E = \text{rad}(ABC)$, 则存在伽罗瓦表示

$$\rho(f,p): \text{Gal}(Q)/(Q) \to \text{GL}_2(F_p).$$

它与 $\rho(E,p)$ 同构, 即

$$\rho(E,p) \cong \rho(f,p).$$

第 3 步 利用第 2 步, $\rho(E,p) \cong \rho(f,p)$, 其阶为 N_E. 再由第 1 步和里贝特定理, 可推出对于 N_E 的任意奇素数因子 q,

$\rho(E,p)$ 是阶 N_E 的尖点形式 $\to \rho(E,p)$ 是阶 N_E/q 的尖点形式.
反复利用之, 可得

$\rho(E,p)$ 是阶 2 的尖点形式.
可是, 阶 2 的尖点形式并不存在. 矛盾! 故 (2.4) 无正整数解.

我们期待 Evra 的方法能够成功, 但正如怀尔斯当年证明费尔马大定理遇到许多困难一样, 猜想 1 是否最终获得解决也需要命运女神的眷顾. 220 年, Evra 独立获得有菲尔兹奖风向标之称的拉马努金奖. 值得一提的是, 上述素数指数 $p \geqslant 5$ 的结果可以推广到一般整数 n, 但因为里贝特定理的适用范围, 需要把 $n = 2^a 3^b$ 排除在外. 如前文所述, $n = 4$ 时已经有一些解的例子了, $n = 9$ 时的解尚没有找到. 故而, 我们有下列问题.

问题 2.2 当 $n = 9$ 时, 方程 (2.4) 是否有解?

问题 2.3 当 $n = 4$ 时, $\gcd(A,B,C) \equiv 1, 5, 7 \pmod 8$ 时, 方程 (2.4) 的一般解情况如何?

最后, 我们想说的是, 无论比尔猜想还是费尔马–卡塔兰猜想, 都是原费尔马大定理的一种比较自然的推广, 而新费尔马方程的提出却需要想象力. 另一方面, 正如米哈伊莱斯库所指出的, 即使在强有力的 abc 猜想假设下, 我们的新费尔马大定理 (猜想 2.4) 依然是坚挺的. 他并指出, 或许在蔡眼里, 加性方程是 "阴", 乘性方程是 "阳", 那样的话, 加乘方程就是阴阳方程.

参 考 文 献

[Wiles 1] Wiles A. Modular elliptic curves and Fermat's last theorem. Ann. of Math., 1995: 443-551.

[Taylor-Wiles 1] Taylor R, Wiles A. Ring-theoretic properties of certain Hecke algebras. Ann. Math., 1995: 553-572.

[Hardy-Wright 1] Hardy G H, Wright E M. An Introduction to the Theory of Numbers. Oxford: Oxford University Press, 1979.

[Darmon-Granville] Darmon H, Granville A. On the equations $z^m = F(x,y)$ and $Ax^p + By^p = Cz^r$. Bull. London Math. Soc., 1995, 27(6): 513-543.

[Beal 1. Beal P] The Beal Prize, AMS. http://www.ams.org/profession/prizes-awards/ams-supported/beal-prize.

[Cai-Chen-Zhang 1] Cai T X, Chen D Y, Zhang Y. A new generalization of Fermat's last theorem. Journal of Number Theory, 2015, 149(4): 33-45.

[Halberstadt-Kraus 1] Halberstadt E, Kraus A. Une conjecture de Lebesgue. Journal of the London Mathematical Society, 2004, 69(2): 291-302.

[Burnside 1] Burnside W. On the rational solutions of the equation $x^3+y^3+z^3=0$ in quadratic fields. Proc. London Math. Soc., 1915, 14: 1-4.

[Jones-Rouse 1] Jones M, Rouse J. Solutions of the cubic Fermat equation in quadratic fields. Int. J. Number Theory, 2013, 9: 1579-1591.

[Mihailescu 1] Mihailescu P. Around ABC. Newsletter of European Math. Soc., 2014, 93(3): 29-35.

第 3 章 欧拉猜想

> 学习欧拉吧,他是我们所有人的老师.
> ——皮埃尔–西蒙·拉普拉斯

3.1 被证伪的猜想

在数学史上,有些著名的猜想被证伪或被推翻了,却仍然发挥着作用,继续推动本学科的发展,可谓是散发着无尽的魅力. 例如,1640 年,费尔马提出了一个公式,即

$$F_n = 2^{2^n} + 1.$$

后人称之为费尔马数,并把其中是素数的数称为费尔马素数. 费尔马本人验证了当 $n = 0, 1, 2, 3, 4$ 时 F_n 均为素数,它们分别是 3, 5, 17, 257, 65537. 他并满怀信心地猜测,对于任意非负整数 n,F_n 均为素数.

值得一提的是,由于 $F_n = F_0 F_1 \cdots F_{n-1} + 2$,故任意两个费尔马数互素,这条性质是由哥德巴赫发现的,由此可以得到素数有无穷多个的新证明.

这个猜想存在了将近一个世纪,直到 1732 年,客居圣彼得堡的瑞士数学家欧拉 (图 3.1) 证明了:F_5 不是素数,那年他不满 25 岁. 事实上,欧拉证明的是 $641 | F_5$,他的方法如下:

图 3.1 欧拉塑像 (旁边是《欧拉全集》) (作者摄于巴塞尔大学伯努利–欧拉研究中心)

设 $a = 2^7, b = 5$, 则 $a - b^3 = 3, 1 + ab - b^4 = 1 + 3b = 2^4$, 于是

$$F_5 = (2a)^4 + 1 = (1 + ab - b^4)a^4 + 1 = (1 + ab)a^4 + 1 - a^4b^4$$
$$= (1 + ab)\{a^4 + (1 - ab)(1 + a^2b^2)\},$$

其中 $1 + ab = 641$, $F_5 = 4294967297 = 641 \times 6700417$.

从那以后, 数学家和爱好者又检验出 40 多个 n, 结果无一例外都不是素数, 其中包括 $5 \leqslant n \leqslant 32$. 到目前为止, 只有 $n \leqslant 11$ 的费尔马合数被完全分解因子, 最小的没有找到一个素因子的费尔马数是 F_{20} 和 F_{24}.

F_6, F_7 和 F_8 的因子分解 (它们都只有两个素因子) 都是由不知名的数学工作者发现的, 它们分别发表于 1880 年、1971 年和 1980 年. 1877 年和 1888 年, 那位找到第 9 个梅森素数的远在乌拉尔山脉以东的俄罗斯东正教神父普沃茨米 (Ivan Pervouchine, 1827—1900) 分别为 F_{12} 和 F_{23} 找到一个素因子, 它们是

$$7 \times 2^{14} + 1 = 114689,$$

$$5 \times 2^{25} + 1 = 167772161.$$

其中 F_{12} 的那个素因子同年也被法国数学家卢卡斯 (Edouard Lucas, 1842—1891) 找到了.

已知最大的费尔马合数是 $F_{3329780}$, 它有一个素因子

$$193 \times 2^{3329782} + 1,$$

这是在 2014 年 7 月找到的.

另一方面, 过去近三个世纪里, 人们再也没有找到一个费尔马素数.

关于费尔马数, 有许多难解之谜. 例如, 当 $n \geqslant 5$ 时, F_n 是否均为合数? 是否存在无穷多个费尔马合数? 是否存在无穷多个费尔马素数? 最后一个问题是由德国数学家艾森斯坦 (Ferdinand Eisenstein, 1823—1852) 于 1844 年提出来的. 可以说, 在费尔马大定理 (Fermat's last theorem) 证明以后, 费尔马素数问题才是 "费尔马最后的问题".

既然有费尔马数, 难免会有广义费尔马数, 它被定义为 $a^{2^n} + 1$, 其中 a 为偶数. 同样没有人知道, 是否存在无穷多个广义费尔马素数或合数? 与此同时, 人们发现, 前 6 个 $2^{2^n} + 15 (0 \leqslant n \leqslant 5)$ 均为素数, 它们是 17, 19, 31, 271, 65551, 4294967391.

2014 年, 作者定义了 GM 数, 是指一个正整数 s, 满足

$$s = 2^\alpha + t,$$

3.1 被证伪的猜想

其中 t 是 s 的真因子之和, α 是正整数. 当思考这个问题的时候, 正值哥伦比亚作家加西亚·马尔克斯 (Gabriel García Márquez, 1927—2014) 逝世, 他的代表作《百年孤独》让人想起那些数个世纪无人问津的数学难题. 显而易见, 当 s 是奇素数时, t 等于 1, α 必为 2 的方幂. 也就是说, GM 数中的奇素数等同于费尔马素数. 此外, 网友 Alpha 还帮助找到两个非素数的奇 GM 数, 它们是

$$19649 = 7^2 \times 401 = 2^{14} + 3265,$$

$$22075325 = 5^2 \times 883013 = 2^{24} + 5298109.$$

后来有人在 2×10^{10} 范围内搜索过, 也仅有这两个非素数的奇 GM 数, 加上费尔马素数共 7 个奇 GM 数. 至于偶 GM 数, 那要多得多, 100 以内的有 6 个, 它们是 10, 14, 22, 38, 44, 92. 这是因为

$$10 = 2 + 8, \quad 14 = 2^2 + 10, \quad 22 = 2^3 + 14,$$

$$38 = 2^4 + 22, \quad 44 = 2^2 + 40, \quad 92 = 2^4 + 76.$$

我们在 10^6 和 10^8 范围内经过搜索, 分别发现有 146 个和 350 个偶 GM 数. 我们想知道的是:

问题 3.1 是否存在第 8 个奇 GM 数?

问题 3.2 是否存在无穷多个偶 GM 数?

又设 p 为形如 $2^\alpha + 3$ ($\alpha \geqslant 1$) 的素数, 则 $2p$ 必为 GM 数. 这是因为, $2p$ 的真因子之和为 $p+3$, 故 $2p = 2^\alpha + p + 3$. 更一般地, 若 p 为形如 $2^\alpha + 2^\beta - 1$ ($\alpha \geqslant 1, \beta \geqslant 1$), 则 $2^{\beta-1}p$ 是 GM 数. 我们有以下猜想.

猜想 3.1 存在无穷多对正整数 (α, β), 使得 $2^\alpha + 2^\beta - 1$ 为素数.

不难看出, 由猜想 3.1 可以给问题 3.2 肯定的答复, 即存在无穷多个偶 GM 数.

另一方面, 从二进制的角度来看, 每个奇素数均可唯一表示成

$$1 + 2^{n_1} + \cdots + 2^{n_k} \quad (1 \leqslant n_1 < \cdots < n_k).$$

我们的问题是, 对给定的正整数 k, 能够表示成上式的素数是否有无穷多个? 这是艾森斯坦问题 ($k=1$) 的推广.

对任意素数, 我们可以按 k 分阶, 则 1 阶素数包括 2 和费尔马素数, 2 阶素数有 7, , 11, , 13, , 19, 41, $\cdots$, 3 阶素数有 23, 29, 43, 53, $\cdots$.

另一方面, 若令

$$t = \sum_{i=1}^{k} n_i,$$

我们可以把奇素数按 t 的大小分类,则每类的元素都是有限个的. 例如, 1—3 类各有一个元素,分别是 3、5、7; 4—5 类各有两个元素,分别是 11、17 和 13、19; 6 类则是空集; 7—8 类各有三个元素,分别是 23、37、67 和 41、131、257, 等等. 我们有以下问题.

问题 3.3 除 6 类以外,每一类元素的集合是否均非空集?

在费尔马提出费尔马数四年之后,他的同胞数学家、巴黎的天主教神父梅森 (Marin Mersenne, 1588—1648) 也抛出了被后人称为梅森数的问题, 即形如

$$M_p = 2^p - 1$$

的数,其中 p 为素数. 如果 M_p 是素数, 则称为梅森素数, 如果 M_p 是合数, 则称为梅森合数.

比起费尔马素数来, 梅森素数的数量较多, 迄今人们共找到 51 个梅森素数, 且随着计算机技术的不断进步, 每隔若干年会有新的发现. 更多发现的是梅森合数, 但与费尔马素数和费尔马合数一样, 我们仍然无法知道, 是否存在无穷多个梅森素数? 是否存在无穷多个梅森合数? 有趣的是, 梅森素数还与古老的完美数紧密相连. 而最初除了梅森以外, 莱布尼茨和哥德巴赫也曾错误地认为, 梅森数均为梅森素数.

上一章我们介绍了费尔马大定理及其变种, 现在我们要讲讲与此相关的欧拉猜想的情况. 1769 年, 从柏林返回圣彼得堡的欧拉试图把费尔马大定理推广到多元, 他提出了下列猜想.

欧拉猜想 对于任意整数 $s \geqslant 3$, 方程

$$a_1^s + a_2^s + \cdots + a_{s-1}^s = a_s^s \tag{3.1}$$

无正整数解.

当 $s = 3$ 时, 此即费尔马大定理的特殊情形, 故而猜想自然成立. 当 $s \geqslant 4$ 时, 情况却有所不同.

1911 年, R. Norrie 发现 (参见 [Norrie 1]), 方程

$$a^4 + b^4 + c^4 + d^4 = e^4 \tag{3.2}$$

有解 $(a, b, c, d, e) = (30, 120, 272, 315, 353)$. 这虽然并非欧拉猜想的反例, 但却也是欧拉所预言的.

1966 年, 在相隔将近三个世纪以后, L. J. Lander 和 T. R. Parkin 利用计算机搜索, 针对 $s = 5$ 的情形给出了欧拉猜想的第一个反例 (参见 [Lander-Parkin 1])

$$27^5 + 84^5 + 110^5 + 133^5 = 144^5.$$

3.1 被证伪的猜想

遗憾的是, 这样的搜索对于 $s=4$ 并未取得成果.

1988 年, 哈佛大学 (图 3.2) 的学生 N. Elkies (参见 [Elkies 1]) 利用椭圆曲线方法, 给出了 $s=4$ 时欧拉猜想的无穷多个反例, 其中之一是

$$2682440^4 + 15365639^4 + 18796760^4 = 20615673^4.$$

图 3.2　哈佛大学数学楼

同年, 联想计算机公司的 R. Frye 找到一个更小的反例, 此反例也是欧拉猜想 ($n=4$) 最小的反例, 即

$$95800^4 + 217519^4 + 414560^4 = 422481^4.$$

2004 年, J. Frye 找到 $s=5$ 的又一个反例

$$55^5 + 3183^5 + 28969^5 + 85282^5 = 85359^5.$$

值得一提的是, 这两位 Frye 与以在费尔马大定理的证明中起到关键作用的弗赖曲线闻名的德国数学家 Gerhard Frey 姓氏并不相同.

对于 $s \geqslant 6$, 欧拉猜想尚没有反例或证明.

2008 年, 对于 $s=4$, 美国物理学家 Lee W. Jacobi 和数学家 Daniel J. Madden(参见 [Jacobi-Madden 1]) 研究了带有线性项限制的欧拉方程, 即

$$a^4 + b^4 + c^4 + d^4 = (a+b+c+d)^4 \tag{3.3}$$

的非零整数解, 将其转换为等价的毕达哥拉斯数组

$$(a^2+ab+b^2)^2 + (c^2+cd+d^2)^2 = ((a+b)^2 + (a+b)(c+d) + (c+d)^2)^2.$$

再利用 1964 年前后 S. Brudno 和 J. Wroblewski 先后发现的两个解

$$(a,b,c,d) = (955,\ -2634,\ 1770,\ 5400),\quad (7590, -31764, 27385, 48150)$$

以及椭圆曲线理论，他们证明了 (3.3) 有无穷多组非零整数解，从而 (3.2) 也有无穷多组非零整数解.

值得一提的是，欧拉猜想的反例也引发了几何学家的兴趣，例如数域上的丢番图几何中，有所谓的 Skorobogatov 猜想与此有关 (图 3.3).

下面我们将首先讲述 Elkies 的证明，然后介绍 Jacobi 和 Madden 的工作，最后用加乘方法给出欧拉猜想的一个推广.

图 3.3　圣彼得堡科学院，欧拉工作过的地方

3.2　Elkies 的无穷多反例

对于方程 (3.1)，当 $s = 3$ 时，等价于下列方程

$$r^4 + s^4 + t^4 = 1, \tag{3.4}$$

其中 r, s, t 均为有理数. 首先考虑下列方程

$$r^4 + s^4 + t^2 = 1. \tag{3.5}$$

1973 年，V. A. Dem'Janenko (参见 [Dem'Janenko 1]) 曾把上式转化为下列带参数 u 的圆锥曲线族：

$$r = x + y,\quad s = x - y; \tag{3.6a}$$

$$(u^2 + 2)y^2 = -(3u^2 - 8u + 6)x^2 - 2(u^2 - 2)x - 2u, \tag{3.6b}$$

$$(u^2 + 2)t = 4(u^2 - 2)x^2 + 8ux + (2 - u^2). \tag{3.6c}$$

3.2 Elkies 的无穷多反例

后来, A. Bremner, Don Zagier 和 Elkies 各自用不同的方法重新推出 (3.6), 其中 Bremner 注意到 (3.4) 等价于下列恒等式, 然后把等式两边在 $Q(\sqrt{-1})$ 分解因子

$$2(1+r^2)(1+s^2) = (1+r^2+s^2)^2 + t^2. \tag{3.7a}$$

利用根与系数的关系, 由 (3.6b) 可求得

$$\begin{aligned}u &= \frac{-1+4x^2 \pm \sqrt{1-(2x^4+12x^2y^2+2y^4)}}{3x^2+y^2+2x} \\ &= \frac{-1+(r+s)^2 \pm \sqrt{1-r^4-s^4}}{r^s+rs+s^2+r+s} \\ &= \frac{-1+(r+s)^2 \pm t}{r^2+rs+s^2+r+s},\end{aligned}$$

故而 u 是有理数. 令 $u = 2m/n, m \geqslant 0, n$ 为奇数, $(m,n)=1$. 可令 $2/u$ 代替 u. (3.6b) 和 (3.6c) 可以改写成

$$(2m^2+n^2)y^2 = -(6m^2-8mn+3n^2)x^2 - 2(2m^2-n^2)x - 2mn, \tag{3.7b}$$

$$(2m^2+n^2)t = 4(2m^2-n^2)x^2 + 8mnx + (n^2-2m^2). \tag{3.7c}$$

若 (3.7b) 存在有理点 (x,y), 则可由 (3.7c) 求得 t, (3.6a) 中求得 r 和 s, 它们是 (3.5) 的一个解. 下面我们便来求解 (3.7b), 为此需要引入下列引理 3.1.

引理 3.1 圆锥曲线 (3.7b) 有无穷多个有理点当且仅当 $R(2m^2+n^2)$ 和 $R(2m^2-mn+n^2)$ 均只含模 8 余 1 的素因子.

这里, 对任意非负整数 k, 定义 $S(k)$ 为最大的正整数, 它的平方可以整除 k,

$$R(k) = k/s^2(k).$$

例如, 若 $k = \pm 23, \pm 24, \pm 25$, 则 $S(k) = 1, 2, 5, R(k) = \pm 23, \pm 6, \pm 1$.

首先, 我们看一个例子, 当 $u=4$ 时, $(m,n)=(2,1)$, 满足引理 3.1 的条件. 于是, (3.7b) 变为

$$9y^2 = -11x^2 - 14x - 4. \tag{3.8}$$

我们观察到 $(x,y) = \left(-\frac{1}{2}, \frac{1}{6}\right)$ 是 (3.8) 的一个解, 由此可以得到 (3.6) 即 (3.5) 的解 $(r,s,t) = \left(\frac{1}{3}, \frac{2}{3}, \frac{8}{9}\right)$. 从解 $(x,y) = \left(-\frac{1}{2}, \frac{1}{6}\right)$, 我们可以投射得到有 (3.8) 的一组以 k 为参数的解

$$(x,y) = \left(-\frac{k^2+2k+17}{2k^2+22}, -\frac{k^2+6k-11}{6k^2+66}\right),$$

由此, 我们可以反解出 (3.5) 的无穷多组解

$$(r,s,t) = \left(\frac{2k^2 + 6k + 20}{3k^2 + 33}, \frac{k^2 + 31}{3k^2 + 33}, \frac{4(2x^4 - 3k^3 + 28k^2 - 75k + 80)}{(3k^2 + 33)^2} \right).$$

一般地, 对于满足引理 3.1 条件的每个 u, 我们都找到 (3.5) 的无穷多组解.

现在, 我们从 (3.5) 的解来求 (3.4) 的解. 显而易见, 我们只需要求 $\pm t$ 是平方数. 与以前一样, 这个解必须满足

$$r = x + y, \quad s = x - y; \tag{3.9a}$$

$$(u^2 + 2)y^2 = -(3u^2 - 8u + 6)x^2 - 2(u^2 - 2)x - 2u, \tag{3.9b}$$

$$\pm(2m^2 + n^2)t^2 = 4(2m^2 - n^2)x^2 + 8mnx + (n^2 - 2m^2). \tag{3.9c}$$

值得注意的是, (3.9c) 的左边有变化.

为了求解 (3.9c), 需要下列类似于引理 3.1 的引理 3.2.

引理 3.2　圆锥曲线 (3.9c) 有无穷多个有理点当且仅当 $R(2m^2 - 2mn + n^2)$, $R(2m^2 + n^2)$ 和 $R(2m^2 + 2mn + n^2)$ 均只含模 8 余 1 的素因子.

Elkies 给出的引理 3.1 和引理 3.2 的证明均比较初等, 但并不简洁, 我们在此省略. 从引理 3.2 的证明过程可知, m 必须是 4 的倍数. 不难求得, 满足引理 3.1 和引理 3.2 的最小的解 $(m,n) = (0,1), (4,-7), (8,-5), (8,-15), (12,5), (20,-1)$ 和 $(20,-9)$.

当 $(m,n) = (1,0)$, 对应于方程 (3.4) 的是显式解 $(\pm 1, 0, 0)$, 而 $(m,n) = (4,-7)$ 不产生 (3.4) 的任何解. 考虑 $(m,n) = (8,-5)$, 代入 (3.9b) 和 (3.9c), 依次可得

$$153y^2 = -779x^2 - 206x + 80,$$

$$\pm 153y^2 = 412x^2 - 320x - 103.$$

对第一个圆锥曲线, 经过反复试验, 可以得到一组较小的解 $(x,y) = (3/14, 1/42)$. 由此可以得到一组参数解

$$(x,y) = \left(\frac{51k^2 - 34k - 5221}{14(17k^2 + 779)}, \frac{17k^2 + 7558k - 779}{42(17k^2 + 779)} \right).$$

将 x 的值代入上面第二个圆锥曲线, 经过化简, 即得

$$\pm 21^2 (17k^2 + 779)^2 t^2$$

$$= -4(31790k^4 - 4267k^3 + 1963180k^2 - 974003k - 63237532). \tag{3.10}$$

3.2 Elkies 的无穷多反例

上式左边取加号, 并作变换

$$X = (k+2)/7, \quad Y = 3(17k^2 + 779t)/14,$$

可将 (3.10) 转化为

$$Y^2 = -31790X^4 + 36941X^3 - 56158X^2 + 28849X + 22030. \tag{3.11}$$

通过计算机搜索, Elkies 找到了 (3.11) 的一个解

$$(X, Y) = \left(-\frac{31}{467}, \frac{30731278}{467^2}\right).$$

再通过回溯, 可以得到 (3.4) 的一个解

$$(r, s, t) = \left(-\frac{18796760}{20615673}, \frac{2682440}{20615673}, \frac{15365639}{20615673}\right),$$

消去分母即得欧拉猜想的一个反例 ($n=4$)

$$2682440^4 + 15365639^4 + 18796760^4 = 20615673^4.$$

实际上, 从 (3.11) 可以导出任意多个解, 即

命题 3.1 存在无穷多个 X 使得 (3.11) 的右边, 即

$$Y^2 = -31790x^4 + 36941x^3 - 56158x^2 + 28849x + 22030$$

是个平方数. 换言之, (3.4) 有无穷多组有理数解.

为证明命题 3.1 和定理 3.1, 我们需要利用椭圆曲线中著名的 Mazur 定理 (参见 [Silverman-Tate 1], 第 58 页).

Mazur 定理 椭圆曲线至多有 16 个有理挠点 (即阶为有限的有理点).

依照 Mazur 定理, 如果椭圆曲线有 17 个有理点, 那么它必含有无穷多个有理点.

命题 3.1 的证明 已知椭圆曲线 (3.10) 的两个有理点

$$P_+ : (X, Y) = \left(-\frac{31}{467}, \frac{30731278}{467^2}\right).$$

我们只需证明, 它们的差 $Q = P_+ - P_-$ 在椭圆曲线 (3.10) 的雅可比群上是有限阶的, 或者说, 它不是个挠点. 利用 Mazur 定理, 即椭圆曲线上至多有有限多个有理

的挠子群, 特别地, 没有一个挠点的指数大于 12, 便可把命题的证明归纳为有限的巨量计算, 即验证对于 $n = 2, 3, \cdots, 12, n \cdot Q \neq 0$.

再注意到椭圆曲线 (3.11) 的雅可比群有一个二阶的有理点, 对应于 (3.9) 的 $(x, y, t) \leftrightarrow (x, -y, -t)$. 这样一来, 利用 Mazur 定理, 可以大大节省计算, 只需验证对于 $n = 2, 3, \cdots, 6, n \cdot Q$ 既不为 0, 也不为二阶挠点. 而计算表明, 这个结论是成立的. 命题 3.1 得证.

Elkies 还证明了, (3.4) 的有理数解在全体实数解中是稠密的.

当 R. Frye 得知 Elkies 找到了欧拉猜想 ($n = 4$) 的反例后, 询问他是不是最小的反例时, Elkies 给出了他的建议, 限制 D 是奇数, 不被 5 整除, $C < D, 625 | (D^4 - C^4)$, 以及其他一些同余性质 (图 3.4 和图 3.5). 同年, R. Frye 利用联网计算机花费 100 小时后找到了欧拉猜想 ($n = 4$) 那个最小的反例.

图 3.4　欧拉受洗的马丁教堂, 作者摄于巴塞尔

图 3.5　欧拉之墓 (作者摄于圣彼得堡)

Elkies 的这个解对应于前面提到的满足引理 3.1 和引理 3.2 条件的 (3.9) 的解 $(m,n) = (20, -9)$. 后来, R. Frye 继续搜索, 发现在 $D < 10^6$ 范围内, 他找到的那个解是唯一反例. 但是, 我们尚且不知, Elkies 找到的那个解是不是欧拉猜想 ($n = 4$) 的第二小反例?

3.3 带线性项的欧拉方程

1964 年, S. Brudno 找到 (3.2) 的另一个解

$$5400^4 + 1770^4 + 2634^4 + 955^4 = 5491^4.$$

他同时注意到

$$5400 + 1770 + 955 = 2634 + 5491.$$

这就意味着, $(5400, 1770, -2634, 955)$ 是下列带线性项的欧拉方程

$$a^4 + b^4 + c^4 + d^4 = (a + b + c + d)^4 \tag{3.12}$$

的解. 2008 年, Lee W. Jacobi 和 Daniel J. Madden (参见 [Jacobi-Madden 1]) 证明了

定理 3.1 (3.12) 有无穷多组原有理数解.

为证明定理 3.1, 我们需要引入下列引理 3.3.

引理 3.3 假设 (x_1, y_1, z_1) 是下述方程的一个解,

$$z^2 y^2 = \alpha_4 x^4 + \alpha_3 x^3 z + \alpha_2 x^2 z^2 + \alpha_2 x z^3 + \alpha_0 z^4,$$

则上述方程也有解

$$x_2 = (64 x_1 y_1^6 z_1^6 \gamma_4 - q_0^2 x_1 - 64 y_1^6 z_1^6 \gamma_3 + 8 q_0 y_1^2 z_1^2 \gamma_1)(64 y_1^6 z_1^6 \gamma_4 - a_0^2),$$

$$y_2 = 8 q_0 y_1 (q_0 \gamma_1 - 8 y_1^4 z_1^4 \gamma_3)^2 + 4 y_1 \gamma_1 (q_0 \gamma_1 - 8 y_1^4 z_1^4 \gamma_3)(64 y_1^6 z_1^6 \gamma_4 - q_0^2)$$
$$\quad + y_1 (64 y_1^6 z_1^6 \gamma_4 - q_0^2)^2,$$

$$z_2 = z_1 (64 y_1^6 z_1^6 \gamma_4 - q_0^2)^2,$$

其中

$$\gamma_1 = 4 \alpha_4 x_1^3 + 3 \alpha_3 x_1^2 z_1 + 2 \alpha_2 x_1 z_1^2 + \alpha_1 z_1^3,$$

$$\gamma_2 = 6 \alpha_4 x_1^2 + 3 \alpha_3 x_1 z_1 + \alpha_2 z_1^2,$$

$$\gamma_3 = 4\alpha_4 x_1 + \alpha_3 z_1,$$

$$\gamma_4 = \alpha_4,$$

$$q_0 = 4y_1^2 z_1^2 \gamma_2 - \gamma_1^2.$$

定理 3.1 的证明   首先, 将 (3.12) 改写为

$$a^4 + b^4 + (a+b)^4 + c^4 + d^4 + (c+d)^4$$
$$= (a+b)^4 + (c+d)^4 + (a+b+c+d)^4.$$

利用恒等式

$$\alpha^4 + \beta^4 + (\alpha+\beta)^4 = 2(\alpha^2 + \alpha\beta + \beta^2)^2,$$

可将上式再改成

$$(a^2 + ab + b^2)^2 + (c^2 + cd + d^2)^2 = ((a+b)^2 + (a+b)(c+d) + (c+d)^2)^2.$$

移项, 可得

$$(c^2 + cd + d^2)^2 = ((a+b)^2 + (a+b)(c+d) + (c+d)^2)^2 - (a^2 + ab + b^2)^2$$
$$= ((a+b)^2 + (a+b)(c+d) + (c+d)^2 + a^2 + ab + b^2)$$
$$\cdot ((a+b)^2 + (a+b)(c+d) + (c+d)^2 - a^2 - ab - b^2).$$

引入参数 μ, 我们有

$$c^2 + cd + d^2 = \mu((a+b)^2 + (a+b)(c+d) + (c+d)^2 - a^2 - ab - b^2),$$
$$c^2 + cd + d^2 = \frac{1}{\mu}((a+b)^2 + (a+b)(c+d) + (c+d)^2 + a^2 + ab + b^2).$$

利用已知解 $(a,b,c,d) = (5400, 1770, -2634, 955)$, 可以确定上述二次曲面的一个参数

$$\mu_0 = \frac{961}{61}.$$

与此同时, 上述二次曲面方程可转变成

$$c^2 + cd + d^2 = \mu_0(ab + ac + bc + ad + bd + c^2 + 2cd + d^2),$$
$$\frac{1}{\mu_0}(c^2 + cd + d^2) = 2a^2 + 3ab + 2b^2 + ac + bc + ad + bd + c^2 + 2cd + d^2.$$

3.3 带线性项的欧拉方程

我们希望上面两条二次曲面的交线形成一条椭圆曲线, 作变换

$$\begin{pmatrix} a \\ b \\ c \\ d \end{pmatrix} = \begin{pmatrix} 0 & 0 & 2 & 2 \\ 0 & 0 & 2 & -2 \\ -1 & -1 & -1 & 0 \\ 1 & -1 & -1 & 0 \end{pmatrix} \begin{pmatrix} x \\ y \\ z \\ w \end{pmatrix}.$$

在这个变换之下, 上述二次曲面可转化为

$$61(x^2 + 3y^2 + 6yz + 3z^2) = 961(4y^2 - 4w^2),$$
$$961(x^2 + 3y^2 + 6yz + 3z^2) = 61(4w^2 + 4y^2 + 24z^2).$$

把第一个式子右边移到左边, 同时把它减去第二项, 分别得到

$$61x^2 - 3661y^2 + 366yz + 183z^2 + 3844w^2 = 0, \tag{3.13a}$$

$$459900y^2 - 11163z^2 - 463621w^2 = 0. \tag{3.13b}$$

(3.13b) 是一条圆锥曲线, 在上述变换下, Brudno 的解相当于

$$(x_0, y_0, z_0, w_0) = \left(\frac{3589}{2}, -953, \frac{3585}{2}, \frac{1815}{2} \right).$$

利用这个解, 可以得到 (3.16b) 的参数解

$$y_1 = -6(146094900t^2 + 13339785st + 3546113s^2),$$
$$z_1 = 45(36638700t^2 + 38958640st + 889319s^2),$$
$$w_1 = 5445(153300t^2 - 3721s^2),$$

通过这个参数解, 我们要找到 (3.13a) 的解, 即使得

$$(3661y^2 - 366yz - 183z^2 - 3844w^2)/61$$

为平方数. 换句话说, 要找到 s, t 使得

$$1605124656896049s^4 + 26478277616573460s^3t$$
$$- 3598879905807952500s^2t^2 + 10908680351036580000st^3$$
$$+ 27244179676772100000t^4$$

为平方数.

易见, 当 $t=0$ 或 $s=0$ 时, 满足条件. 为避免 s 和 t 同为 0, 我们考虑

$$x^2t^2 = 1605124656896049s^4 + 26478277616573460s^3t$$
$$- 3598879905807952500s^2t^2 + 10908680351036580000st^3$$
$$+ 27244179676772100000t^4, \tag{3.14}$$

这是一条椭圆曲线的齐次形式, 它上面的每个有理点都会产生 (3.12) 的解, 即可由下列公式呈现:

$$a = 39517020s^2 + 3506277600st + 4966920000t^2,$$
$$b = 120560400s^2 + 3506277600st + 1628046000t^2,$$
$$c = -18742677s^2 - 1637100090st - 772172100t^2 - tx,$$
$$d = -18742677s^2 - 1637100090st - 772172100t^2 + tx.$$

特别地, (3.14) 有两个有理点 $(s,t,x) = (0,1,\pm 1650581100)$, 其中包含了 Brudno 发现的那个解. 通过这两个有理点, 可以利用算术法则寻找更多的有理点, 但它们的值增长得太快, 因而 Jacobi 和 Madden 转向直接证明存在无穷多个有理点. 为此, 他们精心选择了素数 71, 通过模 71 来甄别 18 个不同的有理点.

从 (3.14) 的有理点 $(s:x:t) = (0, 1650581100, 1)$ 出发, 反复利用引理 3.3, 可得到这条曲线上的一系列有理点. 这些点的坐标均为整数, 在模 71 意义下, 可以得到下列 18 个不同的点.

s	0	53	44	41	47	60	15	39	2
x	±9	±64	±31	±1	±8	±48	±41	±56	±10
t	1	50	24	1	54	8	10	6	15

将每个坐标在模 71 意义上除以相应的 t, 即

$$\frac{s}{t} \equiv s'(71), \quad \frac{x}{t} \equiv x'(71).$$

这 18 个点变为

s	0	11	61	41	39	43	37	42	38
x	±9	±24	±22	±1	±58	±6	±68	±33	±48
t	1	1	1	1	1	1	1	1	1

上述 18 个点 $(s:x:1)$ 在模 71 意义上是不同的, 按照 Mazur 定理, 椭圆曲线上如果有超过 16 个有理点, 那么它必然包含有无穷多个有理点. 换言之, 方程 (3.12) 有无穷多组原解. 定理 3.1 得证.

3.4 欧拉猜想的变种

2012 年 4 月, 作者受新华林问题的启发, 提出了下列丢番图方程组

$$\begin{cases} n = a_1 + a_2 + \cdots + a_{s-1}, \\ a_1 a_2 \cdots a_{s-1}(a_1 + a_2 + \cdots + a_{s-1}) = b^s \end{cases} \quad (3.15)$$

的求解问题, 其中 $s \geqslant 3, n, a_i, b$ 均为正整数.

这也是加乘方程的一种形式. 显而易见, 从 (3.1) 的一个解, 必定可以得出 (3.15) 的一个解, 这只要取

$$n = a_s^s, \quad a_1 = a_1^s, \cdots, a_{s-1} = a_{s-1}^s.$$

我们 (蔡天新、张勇) 试图借 (3.15) 找出 $s = 6$ 欧拉猜想的一个反例, 虽然没有成功, 不过利用椭圆曲线理论, 得到了几个漂亮的结果 (参见 [Cai-Zhang 3] 或 [Cai-Zhang 4]).

定理 3.2 对于 $s = 3$ 和任意正整数 n, (3.15) 无正整数解.

证明 当 $s = 3$ 时, (3.15) 变成了

$$\begin{cases} n = a_1 + a_2, \\ a_1 a_2 (a_1 + a_2) = b^3. \end{cases} \quad (3.16)$$

由第二个式子可得

$$\frac{a_1}{b} \frac{a_2}{b} \left(\frac{a_1}{b} + \frac{a_2}{b} \right) = 1.$$

令 $b_i = \dfrac{a_i}{b}$ $(1 \leqslant i \leqslant 2)$, 则有

$$b_1 b_2 (b_1 + b_2) = 1.$$

因此

$$\left(\frac{b_1}{b_2} \right)^2 + \frac{b_1}{b_2} = \frac{1}{b_2^3}.$$

再令 $u = \dfrac{b_1}{b_2}, v = \dfrac{1}{b_2}$, 我们有

$$u^2 + u = v^3.$$

取 $y = 8u + 4, x = 4v$, 即得
$$y^2 = x^3 + 16.$$

利用 Magma 程序包, 我们所能得到的有理点仅有平凡解
$$(x, y) = (0, \pm 4).$$

由此可知 (3.16) 无整数解. 定理 3.2 得证.

定理 3.3 对于 $s = 4$, 存在无穷多个正整数 n, 使得 (3.15) 有无穷多组正整数解.

证明 当 $s = 4$ 时, (3.15) 变成了

$$\begin{cases} n = a_1 + a_2 + a_3, \\ a_1 a_2 a_3 (a_1 + a_2 + a_3) = b^4. \end{cases} \tag{3.17}$$

从第二个式子可得
$$\frac{a_1}{b} \frac{a_2}{b} \frac{a_3}{b} \left(\frac{a_1}{b} + \frac{a_2}{b} + \frac{a_3}{b} \right) = 1,$$

取 $b_i = \dfrac{a_i}{b}$ ($1 \leqslant i \leqslant 3$), 则有
$$b_1 b_2 b_3 (b_1 + b_2 + b_3) = 1.$$

易知 $(a_1, a_2, a_3) = (1, 2, 24)$ 满足 (3.17), 进而
$$(b_1, b_2, b_3) = \left(\frac{1}{6}, \frac{1}{3}, 4 \right).$$

因此
$$\begin{cases} b_1 b_2 b_3 = \dfrac{2}{9}, \\ b_1 + b_2 + b_3 = \dfrac{9}{2}. \end{cases} \tag{3.18}$$

现在, 我们把 b_i 看作是未知数. 消去 (3.18) 中的 b_3, 即得
$$18 b_1^2 b_2 + 18 b_1 b_2^2 - 81 b_1 b_2 + 4 = 0,$$

取 $u = \dfrac{b_1}{b_2}, v = \dfrac{1}{b_1}$, 我们有
$$18 u^2 + 18 u - 81 u + 4 v^3 = 0.$$

3.4 欧拉猜想的变种

令
$$y = 384u - 864v + 192, \quad x = -32v + 243,$$
我们得到一条椭圆曲线
$$E: y^2 = x^3 - 166779x + 26215254.$$

由 Nagell-Lutz 定理可知, 要证明 E 上有无穷多个有理点, 只需找到 E 上一个有理点, 其中 x 轴坐标非整数. 利用 Magma 程序包, 我们找到了 E 上一个有理点 $\left(\dfrac{30507}{121}, -\dfrac{584592}{1331}\right)$, 其中 x 轴坐标非整数.

从以上变换中可得
$$\begin{cases} b_1 = \dfrac{32}{243-x}, \\ b_2 = \dfrac{-y+27x-6369}{12(243-x)}, \\ b_3 = \dfrac{y+27x-6369}{243-x}. \end{cases}$$

故而
$$\begin{cases} a_1 = \dfrac{32}{243-x}b, \\ a_2 = \dfrac{y-27x+6369}{12(243-x)}b, \\ a_3 = \dfrac{-y-27x+6369}{243-x}b \end{cases}$$
是 (3.17) 的一个解.

为了使得诸 $b_i > 0$, 须满足
$$x < 243, \quad |y| < 27x - 6369.$$

由庞加莱-赫尔维茨定理, 椭圆曲线的每一个有理点邻域里存在着无穷多个有理点. 我们需要找到一个点满足上述条件, 易见点 $P = (235, 8)$ 满足, 于是存在无穷多个有理点 (x, y) 满足上述条件.

因此, 我们能够找到无穷多个有理数 $b_i > 0$ $(1 \leqslant i \leqslant 3)$ 满足 (3.18), 将它们乘以诸 b_i 分母的最小公倍数, 即得整数点 $a_i > 0$. 这就证明了, 对于 $s = 4$, (3.15) 存在无穷多个正整数解. 定理 3.3 得证.

例 3.1 对于 $s = 4$, 有理点
$$(x, y) = (235, 8), \quad \left(\dfrac{60266587}{257049}, \dfrac{3852230624}{130323843}\right)$$

在椭圆曲线 E 上, 这导出了 (3.18) 的解

$$(a_1, a_2, a_3) = (1, 2, 24), \ (781943058, 138991832, 18609625).$$

故有解

$$\begin{cases} 27 = 1 + 2 + 24, \\ 1 \cdot 2 \cdot 24 \cdot (1 + 2 + 24) = 6^4 \end{cases}$$

和

$$\begin{cases} 939544515 = 781943058 + 138991832 + 18609625, \\ 781943058 \cdot 1389918321 \cdot 18609625 \\ \quad \times (781943058 + 138991832 + 18609625) = 208787670^4. \end{cases}$$

定理 3.4 对于 $s \geqslant 5$, 存在无穷多个正整数 n, 使得 (3.15) 有无穷多组正整数解. 确切地说, 存在无穷多个正整数 n, 使得 (3.15) 有解, 且其解有 $s-3$ 个参数.

证明 对 $1 \leqslant i \leqslant s-1$, 令

$$b_i = \frac{a_i}{b} \in Q^+,$$

(3.15) 可以简化为

$$\begin{cases} \dfrac{n}{b} = b_1 + b_2 + \cdots + b_{s-1}, \\ b_1 b_2 \cdots b_{s-1}(b_1 + b_2 + \cdots + b_{s-1}) = 1. \end{cases}$$

再令

$$x = b_1, \quad y = b_2, \quad z = b_3, \quad u = b_4 \cdots b_{s-1}, \quad v = b_4 + \cdots + b_{s-1},$$

则有

$$\begin{cases} \dfrac{n}{b} = x + y + z + v, \\ xyzu(x + y + z + v) = 1. \end{cases}$$

我们研究上面第二式中的有理点, 设 $z = ut^2y$, 可将其转化为

$$t^2 u^2 y^2 x^2 + t^2 u^2 y^2 (t^2 uy + v + y)x - 1 = 0.$$

上式可以看作是 x 的二次式, 如果它有有理数解, 那么判别式

$$\Delta(y) = u^2 t^2 y^2 (u^2 t^2 (ut^2 + 1)^2 y^4 + 2v u^2 t^2 (ut^2 + 1) y^3 + u^2 v^2 t^2 y^2 + 4)$$

3.4 欧拉猜想的变种

应该是平方数. 定义四次曲线 C:

$$w^2 = u^2t^2(ut^2+1)^2y^4 + 2vu^2t^2(ut^2+1)y^3 + u^2v^2t^2y^2 + 4,$$

易求得 C 的判别式为

$$\Delta(t) = 256u^6t^6(ut^2+1)^4(64u^2t^4 + u(uv^4+128)t^2 + 64).$$

因 u 和 v 是正有理数, 故 C 的判别式非零, 它是光滑的. 将 C 转变成一族椭圆曲线 (参见 [Cohen 1] 的命题 7.2.1)

$$E: Y^2 = X(X^2 + u^2v^2t^2X - 16u^2(ut^2+1)^2t^2).$$

此处利用了双向有理映射 $\varphi: C \to E$,

$$y = \frac{Y - uvtx}{ut(ut^2+1)x}, \quad w = \frac{Y^2 - u^2v^2t^2x^2 - 2x^3}{4ut(ut^2+1)x^2}$$

和

$$X = 2ut(ut^2+1)(t^3u^2y^2 + tuvy + tuy^2 - w),$$
$$Y = 2u^2t^2\left(ut^2+1\right)\left(2t^2uy + v + 2y\right)\left(t^3u^2y^2 + tuvy - tuy^2 - w\right).$$

考虑到 u 和 v 是正有理数, 不妨设

$$u = \frac{p}{q}, \quad v = \frac{c}{d},$$

这里 p, q, c, d 是正整数, 令

$$U = q^4d^2X, \quad V = q^6d^3Y,$$

可把 E 转化为

$$E': V^2 = U\left(U^2 + c^2p^2q^2t^2U - 16d^4p^2q^4t^2\left(pt^2+q\right)^2\right).$$

注意到点

$$P = \left(4pd^2q^2\left(pt^2+q\right)t, 4cd^2p^2q^3\left(pt^2+q\right)t^2\right).$$

在 E' 上, 利用椭圆曲线的群同态性质, 可以得到点

$$2P = \left(\frac{16q^4d^4\left(pt^2+q\right)^2}{c^2}, \frac{64q^8d^6\left(pt^2+q\right)^2}{c^2}\right).$$

现在，我们来求 (3.15) 的正整数解. 从双射 φ, $2P$ 的反射点 $-2P$, 可得

$$x = \frac{uv^2 t}{2(4ut^2 - uv^2 t + 4)}, \quad y = \frac{4ut^3 - uv^2 t + 4}{2uvt(ut^2 + 1)}, \quad z = \frac{(4ut^2 - uv^2 t + 4)t}{2v(ut^2 + 1)}.$$

因为 $u > 0$, $v > 0$, 为使得 $x > 0$, $y > 0$, $z > 0$, 需要满足

$$4ut^2 - uv^2 t + 4 > 0. \tag{3.19}$$

上面的二次判别式为 $\delta = u(uv^4 - 64)$. 若 $\delta < 0$, 则对任意有理数 t, (3.19) 成立. 若 $\delta > 0$, 则当

$$t \in \left(0, \frac{uv^2 - \sqrt{u(uv^4 - 64)}}{8u}\right) \cup \left(\frac{uv^2 + \sqrt{u(uv^4 - 64)}}{8u}, \infty\right)$$

时, (3.19) 成立.

无论如何, 当 $u > 0$, $v > 0$ 时, 存在无穷多个 t, 使得 $x > 0$, $y > 0$, $z > 0$. 故而, 对于任意给定的正有理数 $b_4, \cdots, b_{s-1}$, 存在无穷多个正有理数 t, 使得 $b_i > 0$, $i = 1, 2, 3$. 再乘以 $t, b_i (i = 1, \cdots, s-1)$ 的分母的最小公倍数, 即得正整数 $a_i (i = 1, \cdots, s-1)$.

从而, 对于 $s \geqslant 5$, 存在无穷多个正整数 n 使得 (3.15) 有正整数解 $(a_1, a_2, \cdots, a_{s-1}, b)$ 它有 $s - 3$ 个参数 t, $b_i (i = 4, \cdots, s-1)$. 定理 3.4 得证.

推论 3.1 对于 $s \geqslant 4$ 和任意正整数 n, (3.15) 均有正有理数解.

这是因为, 对于 $s \geqslant 4$, 由定理 3.3 和定理 3.4, 存在正整数 n, 使得 (3.15) 有正有理数解. 设 N 为任意正整数, 只需作下列变换

$$\begin{cases} N = \dfrac{a_1 N}{n} + \dfrac{a_2 N}{n} + \cdots + \dfrac{a_{s-1} N}{n}, \\ \dfrac{a_1 N}{n} \cdot \dfrac{a_2 N}{n} \cdots \dfrac{a_{s-1} N}{n} \cdot \left(\dfrac{a_1 N}{n} + \dfrac{a_2 N}{n} + \cdots + \dfrac{a_{s-1} N}{n}\right) = \left(\dfrac{bN}{n}\right)^s. \end{cases}$$

例 3.2 对于 $s = 5$, (3.15) 有正整数解 $(2, 28, 49, 49)$ $(b = 28)$, $(5, 81, 90, 324)(b = 90)$.

事实上, 我们有

$$x = \frac{uv^3 t}{2(4ut^2 - uv^2 t + 4)}, \quad y = \frac{4ut^2 - uv^2 t + 4}{2uvt(ut^2 + 1)},$$

$$z = \frac{(4ut^2 - uv^2 t + 4)t}{2v(ut^2 + 1)}, \quad u = v = b_4.$$

3.4 欧拉猜想的变种

取

$$b = 2uvt(ut^2 + 1)(4ut^2 - uv^2t + 4),$$

则有

$$a_1 = t^2u^2(ut^2 + 1), \qquad a_2 = (4ut^2 - tu^3 + 4)^2,$$
$$a_3 = ut^2(4ut^2 - tu^3 + 4)^2, \qquad a_4 = 2tu^3(ut^2 + 1)(4ut^2 - tu^3 + 4)^2.$$

若 $t = 1, u = 1$, 则我们有

$$\begin{cases} 128 = 2 + 49 + 49 + 28, \\ 2 \cdot 49 \cdot 49 \cdot 28 \cdot (2 + 49 + 49 + 28) = 28^5; \end{cases}$$

若 $t = 2, u = 1$, 则我们有

$$\begin{cases} 2000 = 20 + 324 + 1296 + 360, \\ 20 \cdot 324 \cdot 1296 \cdot 360 \cdot (20 + 324 + 1296 + 360) = 360^6. \end{cases}$$

简化之, 可得

$$\begin{cases} 500 = 5 + 81 + 324 + 90, \\ 5 \cdot 81 \cdot 324 \cdot 90 \cdot (5 + 81 + 324 + 90) = 90^5. \end{cases}$$

例 3.3 对于 $s = 5, 6$, 我们各给出 (3.15) 较小的 10 个解 ($a_1 = 1$). 遗憾的是, 没有找到欧拉猜想 ($n = 6$) 的反例.

a_1	a_2	a_3	a_4	b	n	a_1	a_2	a_3	a_4	a_5	b	n
1	2	12	12	6	27	1	1	2	2	2	2	8
1	4	4	18	6	27	1	6	6	6	8	6	27
1	4	20	25	10	50	1	1	9	9	16	6	36
1	3	32	36	12	72	1	2	3	12	18	6	36
1	4	12	64	12	81	1	9	12	18	24	12	64
1	3	8	96	12	108	1	4	16	24	27	12	72
1	27	36	64	24	128	1	6	9	24	32	12	72
1	1	18	108	12	128	1	4	8	32	36	12	81
1	25	54	100	30	180	1	4	12	16	48	12	81
1	4	27	256	24	288	1	2	9	36	48	12	96

进一步, 我们要问, 对哪些 n, (3.15) 有无穷多个正有理数解. 我们部分回答了这个问题, 这里省略了证明.

定理 3.5 对于 $s \geqslant 4$ 和给定的正整数 n, 如果 (3.15) 有正有理数解 $(a'_1, a'_2, \cdots, a'_{s-1}, b^1)$, 且下列椭圆曲线

$$Y^2 = X^3 - 27u'^3v'(u'v'^3 - 24)X + 54u'^4(u'^2v'^6 - 36u'v'^3 + 216)$$

的秩为正值, 则 (3.15) 有无穷多个有理数解.

备注 3.1 定理 3.2 实际上给出了费尔马大定理在指数为 3 时成立的一个新证明, 这个证明比起欧拉的证明显然要简洁. 欧拉利用了费尔马的无穷递降法, 以及虚二次域 $Q(\sqrt{-3})$ 整数环中的唯一因子分解定理和诸多同余性质.

当 $s \geqslant 4$ 时, 我们有下列问题.

问题 3.4 设素数 $s \geqslant 4$, 方程

$$\begin{cases} n = a_1 + a_2, \\ a_1 a_2 (a_1 + a_2) = b^s \end{cases}$$

是否有 a_1 和 a_2 互素的正整数解?

显然, 这是费尔马大定理的拓广. 如果此方程无解, 可以导出费尔马大定理成立.

另一方面, 设 p 是任意奇素数, 考虑方程

$$\begin{cases} n = a_1 + a_2, \\ a_1^{\frac{p-1}{2}} a_2^{\frac{p-1}{2}} (a_1 + a_2) = b^p \end{cases}$$

经过变换, 可以把上述第二个公式转化为

$$u^{\frac{p-1}{2}}(u+1) = v^p. \tag{3.20}$$

猜想 3.2 方程 (3.2) 除了平凡解 $(0,0)$ 和 $(-1,0)$ 以外, 再无其他有理数解.

如果能证明之, 则同样可以轻松导出费尔马大定理.

对于 $s \geqslant 4$ 和给定的正整数 n, 显然 (3.15) 至多有有限多个正整数解. 故而, 我们还有以下问题.

问题 3.5 对于 $s \geqslant 4$, 求最小的正整数 n, 使得 (3.15) 有正整数解.

3.4 欧拉猜想的变种

当 $s = 4, 5, 6$ 时,容易求得最小的正整数分别是 $n = 18, 27$ 和 8. 事实上,

$$\begin{cases} 18 = 1 + 8 + 9, \\ 1 \cdot 8 \cdot 9 \cdot (1 + 8 + 9) = 6^4, \end{cases}$$

$$\begin{cases} 27 = 1 + 2 + 12 + 12, \\ 1 \cdot 2 \cdot 12 \cdot 12 \cdot (1 + 2 + 12 + 12) = 6^5, \end{cases}$$

$$\begin{cases} 8 = 1 + 1 + 2 + 2 + 2, \\ 1 \cdot 1 \cdot 2 \cdot 2 \cdot 2 \cdot (1 + 1 + 2 + 2 + 2) = 2^6. \end{cases}$$

对于 $s \geqslant 4$ 和给定的正整数 n,设 $N(n, s)$ 表示 (3.15) 的正整数解的个数.

问题 3.6 对于 $s \geqslant 4$ 和给定的正整数 n,能否给出 $N(n, s)$ 的计算公式?

由定理 3.5,对于 $s \geqslant 4$ 和给定的正整数 n,在一定的条件下,(3.15) 有无穷多个正有理数解. 可是,有关椭圆曲线秩数的条件不太容易检验. 我们提出了下面的问题.

问题 3.7 设 $s \geqslant 2$,对于给定的正有理数 u 和 v,下列丢番图方程组是否有无穷多组正有理数解?

$$\begin{cases} u = b_1 \cdots b_s, \\ v = b_1 + \cdots + b_s. \end{cases}$$

当 $s = 2$ 时,易知只要满足

$$u = \frac{v^2 - w^2}{4}, \quad v > w.$$

那么取 $b_1 = \dfrac{v + w}{2}$, $b_2 = \dfrac{v - w}{2}$ 即可.

2014 年,M. Ulas 证明了 (参见 [Ulas 1]),对于 $s \geqslant 4$ 及任意非零实数 A 和 B,下列丢番图方程组

$$\begin{cases} A = x_1 x_2 \cdots x_s, \\ B = x_1 + x_2 + \cdots + x_s \end{cases}$$

有无穷多组解,且有 $s - 3$ 个自由参数. 在他的证明中,$x_3 = -4At^2 x_1$,故而,若 $A > 0$,则 x_1 和 x_3 不能同时为正,也即我们不能从 Ulas 的结果中求得所需的正解.

下面, 我们介绍另一种形式的丢番图方程.

2005 年, Amarnath Murty (参见 [Murty 1]) 提出了以下的猜想.

猜想 3.3 任给 $n > 3$, 存在正整数 a 和 b 满足

$$\begin{cases} n = a + b, \\ ab - 1 = p, \end{cases}$$

其中 p 是素数. 任给 $n > 1$, 当 $n \neq 6, 30, 54$ 时, 存在正整数 a 和 b 满足

$$\begin{cases} n = a + b, \\ ab + 1 = p, \end{cases}$$

其中 p 是素数.

2012 年, 作者提出了以下猜想.

猜想 3.4 任给 $n > 14$, 存在正整数 a, b 和 c, 使得

$$\begin{cases} n = a + b + c, \\ abc + 1 = p^2. \end{cases}$$

猜想 3.5 任给 $n > 8$, 存在正整数 a, b, c 和 d, 使得

$$\begin{cases} n = a + b + c + d, \\ abcd = p^3 - p. \end{cases}$$

备注 3.2 对猜想 3.2, 我们有以下说明: 由

$$\begin{cases} n = a + b, \\ ab \pm 1 = p \end{cases}$$

及一元二次方程的韦达定理知, a 和 b 是 $x^2 - nx + p \mp 1 = 0$ 的两个解, 即

$$\frac{n \pm \sqrt{n^2 - 4(p \mp 1)}}{2}.$$

故而存在正整数 m, 使得

$$n^2 - 4(p \mp 1) = m^2.$$

假如 $n = 2k$, 则 $m = 2s$,

$$k^2 \pm 1 = p + s^2. \tag{3.21}$$

假如 $n = 2k+1$, 则 $m = 2s+1$,

$$k^2 + k \pm 1 = p + s(s+1). \tag{3.22}$$

(3.21) 是下列著名猜想的推论：

哈代–李特尔伍德猜想 (1923) 每一个充分大的偶数或为平方数，或为一个素数和一个平方数之和.

对于任意奇素数 p, 我们称 $\dfrac{p-1}{2}$ 为半素数 (half-prime). 孪生素数猜想等同于：存在无穷多个相邻的半素数. 而哥德巴赫猜想可表述为：每一个大于 1 的正整数均为两个半素数之和.

(3.22) 是下列论断的推论：

每一个大于 1 的正整数是一个半素数和一个三角形数之和.

上述论断与孙智伟 (参见 [Sun 1]) 提出的一个猜想是一致的：每一个大于 3 的奇数均可表为 $p + x(x+1)$, 其中 p 是素数, x 是正整数.

参 考 文 献

[Norrie 1] Norrie R. In University of Saint Andrews 500th Anniversary Memorial Volume of Scientific Papers. Published by the University of Saint Andrews, 1911.

[Lander-Parkin 1] Lander L J, Parkin T R. Counterexample to Euler's conjecture on sum of like powers. Bull. Amer. Math. Soc., 1966, 72: 1079.

[Elkies 1] Elkies N. On $A^4 + B^4 + C^4 = D^4$. Math. Comput., 1988, 51: 825-835.

[Dem'janenko 1] Dem'janenko V A. L. Euler's conjecture(Russian). Acta Arith., 1973/1974, 25: 127-135.

[Silverman-Tate 1] Silverman J, Tate J. Rational Points on Elliptic Curves. New York: Springer, 2004.

[Jacobi-Madden 1] Jacobi L W, Madden D J. $a^4 + b^4 + c^4 + d^4 = (a+b+c+d)^4$. Amer. Math. Soc. Monthly, 2008, 151: 220-236.

[Cai-Zhang 3] Cai T X, Zhang Y. A variety of Euler's sum of power conjecture. Czechoslovak Mathematical Journal, 2021, 71(146): 1099-1113.

[Cai-Zhang 4] Cai T X, Zhang Y. Euler's conjecture and its Variant. China Advance of Mathematics, 2021, 50(3): 475-479.

[Cohen 1] Cohen H. Number Theory. Vol. I: Tools and Diophantine Equations. Graduate Texts in Mathematics 239. New York: Springer, 2007.

[Ulas 1] Ulas M. On some Diophantine systems involving symmetric polynomials. Math. Comput., 2014, 83: 1915-1930.

[Murty 1] Murty A. http://Oeis.org/A109909.

[Sun 1] Sun Z W. On Sums of Primes and Triangular Numbers. Journal of Combinatorics and Number Theory1, 2019, (1): 65-76.

第 4 章 表整数为平方和

> 我的知识和成功, 全是勤奋学习取得的.
> ——卡尔 • 弗雷德里希 • 高斯

4.1 表整数为平方和的介绍

我们在 2.1 节介绍了, 17 世纪, 费尔马便发现并证明了, 形如 $4n+1$ 的奇素数均可以表示成两个整数的平方和, 且在排除了对称性之后表法唯一, 而形如 $4n+3$ 的奇素数则不能表示成两个整数的平方和. 后者显而易见, 这是因为 $x^2+y^2 \equiv 0, 1$ 或 $2 \pmod 4$, 即 $x^2+y^2 \not\equiv 3 \pmod 4$, 而前者有多种证法. 首先, 我们利用费尔马的无穷递降法证明存在性. 其次, 我们利用抽屉原理和同余性质来证 (参见 [Cai 1]). 再次, 我们利用高斯 (图 4.1) 整数环的有关性质予以证明 (参见 [Hardy-Wright 1]). 最后, 我们给出一种构造性的证明.

图 4.1 高斯

证法一 当素数 $p \equiv 1 \pmod 4$ 时, 勒让德符号 $\left(\dfrac{-1}{p}\right) = 1$, 即存在整数 t, 满足

$$t^2 + 1 \equiv 0 \pmod p, \quad 0 < t < \dfrac{p}{2}.$$

由此
$$0 < 1 + t^2 < 1 + \frac{p^2}{4} < p^2,$$
故有
$$1 + t^2 = mp, \quad 0 < m < p.$$

设 m_0 是满足
$$x^2 + y^2 = mp, \quad p \nmid x, p \nmid y \tag{4.1}$$
有解的最小的正整数 m.

若 $m_0 = 1$, 则结论成立. 下设 $1 < m_0 < p$, 易知 m_0 不能同时整除解 x 和 y, 否则 m_0 会整除 p, 这不可能. 因此, 存在整数 c 和 d, 使得
$$x_1 = x - cm_0, \quad y_1 = y - dm_0$$
满足
$$|x_1| \leqslant \frac{m_0}{2}, \quad |y_1| \leqslant \frac{m_0}{2}, \quad x_1^2 + y_1^2 > 0,$$
故而
$$x_1^2 + y_1^2 \equiv x^2 + y^2 \equiv 0 (\bmod m_0).$$
另一方面, 又有
$$x_1^2 + y_1^2 = m_1 m_0, \tag{4.2}$$
此处 $0 < m_1 < m_0$, 将 (4.2) 和 (4.1) 相乘并取 $m = m_0$, 利用斐波那契恒等式, 即
$$(a^2 + b^2)(c^2 + d^2) = (ac \pm bd)^2 + (ad \mp bc)^2$$
可得
$$m_a^2 m_1 p = (x^2 + y^2)(x_1^2 + y_1^2) = (xx_1 + yy_1)^2 + (xy_1 - x_1 y)^2.$$
斐波那契 (Fibonacci, 1175—1250) 是意大利数学家, 以提出 "兔子问题" 闻名于世. 注意到
$$xx_1 + yy_1 = x(x - cm_0) + y(y - dm_0) = m_0 X,$$
$$xy_1 - x_1 y = x(y - dm_0) - y(x - cm_0) = m_0 Y,$$
此处 $X = p - cx - dy, Y = cy - dx$. 因而
$$m_1 p = X^2 + Y^2 \quad (0 < m_1 < m_0),$$

4.1 表整数为平方和的介绍

这与 m_0 的假设矛盾. 故 m_0 必为 1, 得证.

至于唯一性, 无法通过递降法证明. 而下面两种方法不仅可以证明存在性, 也可以证明唯一性.

证法二 当素数 $p \equiv 1 \pmod{4}$ 时, 勒让德符号 $\left(\dfrac{-1}{p}\right) = 1$, 故而存在整数 t, 满足

$$t^2 + 1 \equiv 0 \pmod{p}, \quad (t, p) = 1. \tag{4.3}$$

考虑 $tx - y$, 当 x 和 y 取遍 $0, 1, \cdots, [\sqrt{p}]$, 共有 $([\sqrt{p}] + 1)^2 > p$ 个. 由抽屉原理, 必存在两组不同的 $\{x_1, y_1\}$ 和 $\{x_2, y_2\}$, 满足

$$tx_1 - y_1 \equiv tx_2 - y_2 \pmod{p}.$$

注意到 $(t, p) = 1$, 易知 $x_1 \neq x_2, y_1 \neq y_2$. 不妨设 $y_1 > y_2, y = y_1 - y_2, x = \pm(x_1 - x_2)$, 则

$$ty \equiv x \pmod{p},$$

此处, $0 < x, y < \sqrt{p}$.

因为 $(y, p) = 1$, 故存在整数 y^{-1} 满足 $yy^{-1} \equiv 1 \pmod{p}$, 所以有 $t \equiv \pm xy^{-1} \pmod{p}$. 代入 (4.3) 可得 $x^2 + y^2 \equiv 0 \pmod{p}$. 又因 $0 < x^2 + y^2 < 2p$, 即得 $x^2 + y^2 = p$.

下证表法唯一性. 设有

$$p = x^2 + y^2 = a^2 + b^2, \quad x > 0, \ y > 0, \ a > 0, \ b > 0.$$

则

$$(ax - by)(ax + by) = a^2x^2 - b^2y^2 = a^2(x^2 + y^2) - y^2(a^2 + b^2) \equiv 0 \pmod{p},$$

故而 $p \mid (ax - by)$, 或 $p \mid (ax + by)$. 又由前述斐波那契恒等式可知

$$p^2 = (ax \mp by)^2 + (ay \pm bx)^2.$$

若 $p \mid (ax - by)$, 由于 $ay + bx > 0$, 故而 $ax - by = 0$. 再由 $(a, b) = (x, y) = 1$, 即可得 $a = y, b = x$. 而若 $p \mid (ax + by)$, 同理可推出 $ay - bx = 0, a = x, b = y$. 唯一性得证.

证法三 当素数 $p \equiv 1 \pmod{4}$ 时, 勒让德符号 $\left(\dfrac{-1}{p}\right) = 1$, 故而存在整数 t, 满足

$$t^2 + 1 \equiv 0 \pmod{p},$$

从而
$$p|(t+i)(t-i).$$

若 p 是高斯整数环上的素数, 则它整除 $t+i$ 或 $t-i$, 这不可能, 因为

$$\frac{t}{p} \pm \frac{i}{p}$$

不是整数. 故而, p 不为素数. 若 $\pi|p$, 则 π 的共轭 ρ 也整除 p, 故可设 $p = \pi\rho$, 这里 $\pi = a+bi, \rho = a-bi, \pi$ 和 ρ 均为高斯整数环的素数. 因而

$$p = a^2 + b^2.$$

换言之, p 可以表示成两个整数的平方和. 下证表法唯一性.

p 的所有因子是

$$\pm\pi, \pm\pi i, \pm p, \pm pi \tag{4.4}$$

p 表示平方和的 8 种形式为

$$p = (\pm a)^2 + (\pm b)^2 = (\pm b)^2 + (\pm a)^2.$$

假如 $p = c^2 + d^2$, 则有 $(c+di)|p, c+di$ 是 (4.4) 的 8 种形式之一. 因此, 它们只有变种的差异, 即 p 表为整数平方和的形式是唯一的. 唯一性得证.

还有一种证明是构造性的, 由苏联数学家高尔士可夫 (D. C. Gorshkov) 给出的 (参见 [Vinogradov 1]).

证法四 设 p 是模 4 余 1 的素数, a 和 b 分别是模 p 的任何一个平方剩余和平方非剩余, 则

$$p = \left(\frac{s(a)}{2}\right)^2 + \left(\frac{s(b)}{2}\right)^2.$$

其中

$$S(k) = \sum_{x=0}^{p-1} \left(\frac{x(x^2+k)}{p}\right).$$

我们首先证明, 对于任何 $k, (k,p) = 1, S(k)$ 均为偶数. 注意到

4.1 表整数为平方和的介绍

$$S(k) = \sum_{x=0}^{p-1}\left(\frac{x(x^2+k)}{p}\right) = \sum_{x=0}^{2m}\left(\frac{x(x^2+k)}{p}\right) + \sum_{x=2m+1}^{4m}\left(\frac{x(x^2+k)}{p}\right),$$

对右端第二个式子中作变换 $x = p - y$, 则有

$$\sum_{x=2m+1}^{4m}\left(\frac{x(x^2+k)}{p}\right) = \sum_{y=1}^{2m}\left(\frac{(p-y)(p-y)^2+k}{p}\right) = \sum_{y=1}^{2m}\left(\frac{y(y^2+k)}{p}\right),$$

故而

$$S(k) = 2\sum_{x=0}^{2m}\left(\frac{x(x^2+k)}{p}\right),$$

$S(k)$ 是偶数.

其次, 我们证明 $S(kt^2) = \left(\dfrac{t}{p}\right) S(k)$.

若 $p \mid t$, 易知等式两端均为 0, 则结论成立.

若 $p \nmid t$, 注意到当 x 通过模 p 的简化系时, xt 也通过模 p 的简化系, 则有

$$S(kt^2) = \sum_{x=0}^{p-1}\left(\frac{x(x^2+kt^2)}{p}\right) = \sum_{x=0}^{p-1}\left(\frac{xt((xt)^2+kt^2)}{p}\right)$$
$$= \left(\frac{t}{p}\right)\sum_{x=0}^{p-1}\left(\frac{x(x^2+k)}{p}\right) = \left(\frac{t}{p}\right) S(k).$$

故结论成立.

令 $q = \dfrac{p-1}{2}$, 利用上式, 可得

$$qS^2(a) + qS^2(b) = \sum_{t=1}^{q} S^2(at^2) + \sum_{t=1}^{q} S^2(at^2).$$

注意到 $a \cdot 1^2, \cdots, a \cdot q^2$ 和 $b \cdot 1^2, \cdots, b \cdot q^2$ 通过模 p 的简化系

$$qS^2(a) + qS^2(b) = \sum_{k=1}^{p-1} S^2(k)$$
$$= \sum_{x=1}^{p-1}\sum_{y=1}^{p-1}\sum_{k=1}^{p-1}\left(\frac{xy(x^2+k)(y^2+k)}{p}\right).$$

下面, 我们需要利用恒等式

$$\sum_{x=1}^{p-1}\left(\frac{x^2+cx}{p}\right) = \sum_{x=1}^{p-1}\left(\frac{x^2+x}{p}\right) = -1,$$

这里 $p \geqslant 3, p \nmid c$. 这是因为

$$\sum_{x=1}^{p-1}\left(\frac{x^2+cx}{p}\right) = \sum_{x=1}^{p-1}\left(\frac{(cx)^2+c(cx)}{p}\right) = \sum_{x=1}^{p-1}\left(\frac{x^2+x}{p}\right)$$
$$= \sum_{x=1}^{p-1}\left(\frac{y^2(x^2+x)}{p}\right) = \sum_{x=1}^{p-1}\left(\frac{1+y}{p}\right) = \sum_{x=1}^{p-1}\left(\frac{1+x}{p}\right) = -1.$$

此处 y 是 x 的逆元, 即 $yx \equiv 1 \pmod{p}$, 当 x 取遍 p 的简化系, y 也取遍 p 的简化系.

由此可得, 当 $y^2 \equiv x^2 \pmod{p}$ 时,

$$\sum_{k=1}^{p-1}\left(\frac{xy(x^2+k)(y^2+k)}{p}\right) = \left(\frac{xy}{p}\right) \sum_{k=1, p\nmid(x^2+k)}^{p-1} 1 = (p-2)\left(\frac{xy}{p}\right).$$

而当 $y^2 \not\equiv x^2 \pmod{p}$ 时, 利用上述求和恒等式 (取 $c = y^2 - x^2$) 可得

$$\sum_{k=1}^{p-1}\left(\frac{xy(x^2+k)(y^2+k)}{p}\right) = \left(\frac{xy}{p}\right) \sum_{j=x^2+1}^{x^2+p-1}\left(\frac{j(j+y^2-x^2)}{p}\right) = -2\left(\frac{xy}{p}\right).$$

综合以上, 我们可得

$$qS^2(a) + qS^2(b) = p \sum_{x,y=1, x^2\equiv y^2(p)}^{p-1}\left(\frac{xy}{p}\right) + -2\sum_{x,y}\left(\frac{xy}{p}\right)$$
$$= 2p(p-1) + 0 = 4pq,$$

即

$$p = \left(\frac{S(a)}{2}\right)^2 + \left(\frac{S(b)}{2}\right)^2.$$

上述讨论的两个整数的平方和是所谓的二次型 $ax^2 + bxy + cy^2$ 的特殊形式, 这里 a, b 和 c 是整数, $d = b^2 - 4ac$ 称为判别式. 可否或如何表整数是二次型的主要研究内容, 下面我们讨论一般正整数 m 表示平方和的情形.

4.1 表整数为平方和的介绍

定理 4.1 设 $n = n_1^2 n_2$, $n > 0$, n_2 无平方因子,则 n 能表示成两个整数的平方和的充要条件是 n_2 没有形如 $4m+3$ 的素因子.

证明 先来看充分性:若 n_2 没有形如 $4m+3$ 的素因子,则由 $2 = 1^2 + 1^2$ 和前述结论, n_2 的每个素因子均可表示成两个整数的平方和. 再利用斐波那契恒等式,即知充分性成立.

再来看必要性:设 $p = 4m+3$ 整除 n_2,则有 $r \geqslant 1, p^r \| n$. 由定理假设易知, r 为奇数. 反设 $n = x^2 + y^2$. 令 $(x, y) = d$,则有

$$x = dx_1, \quad y = dy_1, \quad (x_1, y_1) = 1, \quad n = d^2(x_1^2 + y_1^2).$$

因 r 是奇数,故 $p | (x_1^2 + y_1^2)$,且 $(p, x_1) = 1$. 不然的话, $p | x_1, p | y_1$, 与 $(x_1, y_1) = 1$ 不符. 因此

$$x_1^2 + y_1^2 \equiv 0 \pmod{p}, \quad (p, x_1) = 1.$$

又由同余性质知,存在整数 x_1' 满足 $x_1 x_1' \equiv 1 \pmod{p}$,故有

$$(y_1 x_1')^2 \equiv -1 \pmod{p},$$

即 $\left(\dfrac{-1}{p}\right) = 1$. 另一方面,由勒让德符号的性质, $\left(\dfrac{-1}{p}\right) = (-1)^{2m+1} = -1$,从而矛盾,必要性成立. 定理 4.1 得证.

特别地,素数 p 能表示成两个整数的平方和,当且仅当它形如 $4m+1$. 进一步,设 $n = 2^\alpha \prod_{p^r \| n} p^r \prod_{q^s \| n} q^s$, 其中 p, q 分别通过 n 的形如 $4m+1$ 和 $4m+3$ 的素因子,用复变数的方法可以证明.

定理 4.2 设 $\delta(n)$ 是 n 表示成两个整数平方和的表法数,则

$$\delta(n) = 4 \prod_{p^r \| n} (1+r) \prod_{q^s \| n} \frac{1 + (-1)^s}{2}$$

或者

$$\delta(n) = 4 \sum_{d | n} k(d).$$

此处

$$k(n) = \begin{cases} 0, & n \text{ 是偶数}, \\ (-1)^{\frac{n-1}{2}}, & n \text{ 是奇数} \end{cases}$$

是完全可乘函数.

作为定理 4.2 的一个应用, 我们有以下结果. 方程

$$\begin{cases} n = a + b, \\ ab = x^2 \end{cases}$$

有正整数解当且仅当 n 为偶数或 n 有形如 $4m+1$ 的素因子.

4.2　4 平方和定理

现在, 我们要给出并证明两个著名的定理.

定理 4.3 (拉格朗日 (图 4.2))　任意正整数均可表示成四个整数的平方和.

图 4.2　巴黎先贤祠, 拉格朗日安葬于此 (作者摄)

定理 4.4 (高斯)　除非形如 $4^k(8n+7)$, 任意正整数均可以表示成三个整数的平方和.

由定理 4.4 可知, $8n+3$ 形的整数一定可以表示成三个整数的平方和, 由此我们可以推出定理 4.3. 事实上, 我们先来考虑素数 p, 若 $p = 2$, 结论显然成

立; 若 $p \equiv 1 \pmod 4$, 则由上述定理知, 它可以表示成两个整数的平方和; 又若 $p \equiv 3 \pmod 4$, 则必有 p 或 $p-4$ 模 8 余 3, 故而它可以表示成三个整数的平方和, 而 4 本身也是平方数. 故而, 每个素数均可以表示成 4 个整数的平方和.

对于一般的正整数, 只需注意到, 若 $m = x_1^2 + x_2^2 + x_3^2 + x_4^2, n = y_1^2 + y_2^2 + y_3^2 + y_4^2$, 则有

$$mn = (x_1 y_1 + x_2 y_2 + x_3 y_3 + x_4 y_4)^2 + (x_1 y_2 - x_2 y_1 + x_3 y_4 - x_4 y_3)^2$$
$$+ (x_1 y_3 - x_3 y_1 + x_4 y_2 - x_2 y_4)^2 + (x_1 y_4 - x_4 y_1 + x_2 y_3 - x_3 y_2)^2,$$

故而定理 4.3 成立.

拉格朗日、欧拉和高斯堪称十全十美的数学家, 他们一方面能洞察自然数的奇妙性质, 另一方面又能对浩瀚太空中的星球指指点点 (图 4.3).

图 4.3 牧鹅少女塑像 (作者摄于哥廷根)

本节给出定理 4.2 的证明 (参见 [Hua 1], 第 6.7 节), 为此需要下列引理.

引理 4.1 (参见 [Cai 1], 定理 4.7 推论) 任给正整数 $n > 1$, 同余式

$$x^2 \equiv -1 \pmod n \tag{4.5}$$

的解数 $v(n)$,

$$v(n) = \begin{cases} 0, & 4|n, \\ \prod_{p|n}(1+k(p)), & 4\nmid n. \end{cases} \qquad (4.6)$$

引理 4.2 设 $n > 1$, 对应于

$$l^2 \equiv -1 (\bmod n)$$

的任意一解 l, 存在唯一的一对互素的正整数 (x, y) 满足

$$x^2 + y^2 = n, \quad y \equiv lx (\bmod n).$$

定理 4.2 的证明 由引理 4.1 和引理 4.2, 可知

$$x^2 + y^2 = n, \quad (x, y) = 1$$

的解数等于 $4v(n)$. 将 $x^2 + y^2 = n$ 的解数依照 $(x, y) = d$ 分组, 则

$$\left(\frac{x}{d}\right)^2 + \left(\frac{y}{d}\right)^2 = \frac{n}{d^2}$$

的解数为 $4v\left(\frac{n}{d^2}\right)$, 故而

$$r(n) = 4\sum_{d^2|n} v\left(\frac{n}{d^2}\right) = 4\sum_{d|n} v\left(\frac{n}{d}\right)\lambda(n),$$

此处

$$\lambda(n) = \begin{cases} 1, & d \text{ 是平方数}, \\ 0, & d \text{ 非平方数}, \end{cases}$$

因 $v(n)$ 和 $\lambda(n)$ 均为可乘函数, 故 $\dfrac{r(n)}{4}$ 也是可乘函数.

由于 $\delta(n)$ 也是可乘函数, 因此只需证明当 $n = p^m$ 时,

$$\frac{r(n)}{4} = \delta(n),$$

即得定理 4.2.

若 $2|m$, 则

$$\frac{r(p^m)}{4} = v(p^m) + v(p^{m-2}) + \cdots + v(p^2) + v(1)$$

4.2 4 平方和定理

$$= \begin{cases} 0 + \cdots + 0 + 1 = 1, & p = 2, \\ 0 + \cdots + 0 + 1 = 1, & p \equiv 3 \pmod 4, \\ 2 + \cdots + 2 + 1 = \dfrac{m}{2} \times 2 + 1 = m + 1, & p \equiv 1 \pmod 4. \end{cases}$$

若 $2 \nmid m$, 则

$$\begin{cases} 1, & p = 2, \\ 0, & p \equiv 3 \pmod 4, \\ m + 1, & p \equiv 1 \pmod 4. \end{cases}$$

另一方面, 我们有

$$\delta(p^m) = 1 + k(p) + \cdots + k(p^m)$$

$$= \begin{cases} 1 + 0 + \cdots + 0 = 1, & p = 2, \\ 1 - 1 + \cdots + 1 = 1, & p \equiv 3 \pmod 4, 2 \mid m, \\ 1 - 1 + \cdots - 1 = 0, & p \equiv 3 \pmod 4, 2 \nmid m, \\ 1 + 1 + \cdots + 1 = m + 1, & p \equiv 1 \pmod 4. \end{cases}$$

定理 4.2 得证.

为证明定理 4.3, 我们只需利用下列引理, 这个引理是由拉格朗日和欧拉先后得到的 (参见 [Erickson-Vazzana 1]).

引理 4.3 设 p 是奇素数, 则存在整数 x, y 和 k, 满足

$$x^2 + y^2 + 1 = kp, \tag{4.7}$$

其中 $0 < k < p$.

证明 我们只需证明, 存在整数 x 和 y, 满足 $x^2 + y^2 + 1 \equiv 0 \pmod p$, 且 $x^2 + y^2 + 1 < p^2$. 我们分两种情形.

若 $p \equiv 1 \pmod 4$, 则 $\left(\dfrac{-1}{p}\right) = 1$, 即同余式

$$x^2 \equiv -1 \pmod p$$

有解, 不妨设 $0 < x < \dfrac{p}{2}$, 我们有

$$x^2 + 1 < \dfrac{p^2}{4} + 1 < p^2.$$

因 p 整除 $x^2 + 1$, 故我们得到 (4.7) 的一个解, 其中 $y = 0$.

若 $p \equiv 3 \pmod 4$, 设 a 为模 p 最小的二次非剩余, 由 $\left(\dfrac{-1}{p}\right) = -1$, 可知 $\left(\dfrac{-a}{p}\right) = 1$, 即存在 x, 满足

$$x^2 \equiv -a \pmod p,$$

其中 $0 < x < p/2$. 由假设, $a-1$ 是模 p 的二次剩余, 故而存在 y 满足

$$y^2 \equiv a - 1 \pmod p,$$

其中 $0 < y < p/2$, 这里 $x^2 + y^2 \equiv -1 \pmod p$, 并有

$$x^2 + y^2 + 1 < (p/2)^2 + (p/2)^2 + 1 < p^2.$$

因此, 引理 4.3 得证.

定理 4.3 的证明 由引理 4.3 可知, 存在整数 x, y, z 和 w 满足

$$x^2 + y^2 + z^2 + w^2 = kp,$$

其中 $0 < k < p$. 选取 x, y, z 和 w, 使得 k 尽可能小, 若 $k=1$, 则满足定理 4.3 的要求. 下设 $k>1$, 我们要找出矛盾. 事实上, 这就是费尔马的无穷递降法.

首先, k 不能为偶数, 否则的话, x, y, z 和 w 中必然有偶数个奇数. 如此, 我们不妨假设, $x+y, x-y, z+w$ 和 $z-w$ 均为偶数, 于是有

$$\left(\frac{x+y}{2}\right)^2 + \left(\frac{x-y}{2}\right)^2 + \left(\frac{z+w}{2}\right)^2 + \left(\frac{z-w}{2}\right)^2 = \left(\frac{k}{2}\right)p$$

这与 k 的最小性矛盾.

下设 k 为奇数, 则存在整数 a, b, c, d 满足

$$a \equiv x \pmod k,$$
$$b \equiv y \pmod k,$$
$$c \equiv z \pmod k,$$
$$d \equiv w \pmod k,$$

且 $0 \leqslant |a|, |b|, |c|, |d| < k/2$. 另一方面,

$$a^2 + b^2 + c^2 + d^2 \equiv x^2 + y^2 + z^2 + w^2 \equiv 0 \pmod k,$$

4.2 4 平方和定理

故存在非负整数 m, 使得 $a^2 + b^2 + c^2 + d^2 = mk$. 易见, $m \neq 0$, 因为否则的话, $a = b = c = d = 0$, 这就意味着 $k^2 | (x^2 + y^2 + z^2 + w^2)$, 从未与假设矛盾. 另一方面,

$$a^2 + b^2 + c^2 + d^2 < \left(\frac{k}{2}\right)^2 + \left(\frac{k}{2}\right)^2 + \left(\frac{k}{2}\right)^2 + \left(\frac{k}{2}\right)^2 = k^2,$$

故而 $m < k$.

由欧拉 4 平方和恒等式知, $(a^2 + b^2 + c^2 + d^2)$ 与 $(x^2 + y^2 + z^2 + w^2)$ 的乘积也为 4 平方和. 事实上, 取

$$X = xa + yb + zc + wd,$$
$$Y = xb - ya + zd - wc,$$
$$Z = xc - za + wb - yd,$$
$$W = xd - wa + yc - zd,$$

可得

$$X^2 + Y^2 + Z^2 + W^2 = (a^2 + b^2 + c^2 + d^2)(x^2 + y^2 + z^2 + w^2) = (mk)(kp). \quad (4.8)$$

注意到

$$X \equiv x^2 + y^2 + z^2 + w^2 \equiv 0 \pmod{k},$$
$$Y \equiv xy - yx + zw - wz \equiv 0 \pmod{k},$$
$$Z \equiv xz - zx + wy - yw \equiv 0 \pmod{k},$$
$$W \equiv xw - wx + yz - zy \equiv 0 \pmod{k},$$

即知 k 整除 X, Y, Z 和 W, 故而由 (4.8) 可得

$$\left(\frac{X}{k}\right)^2 + \left(\frac{Y}{k}\right)^2 + \left(\frac{Z}{k}\right)^2 + \left(\frac{W}{k}\right)^2 = mp,$$

此处 $0 < m < k$, 矛盾!

再注意到 2 可表为 4 平方和, 因而我们证明了, 每个素数均可表示为 4 个平方和. 最后, 由欧拉 4 平方和恒等式, 定理 4.3 得证.

4.3 3 平方和定理

本节证明高斯的 3 平方和定理, 即定理 4.4. 我们介绍的是 N. C. Ankeny 的证明 (参见 [Ankeny 1]). 为此, 他利用了算术级数上的狄利克雷定理和下列有关数的几何的闵可夫斯基定理 (参见 [Hardy-Wright 1], 定理 446).

引理 4.4 n 维空间中任何关于原点对称且体积大于 2^n 的凸区域都包含一个坐标皆为整数且不全为零的点.

定理 4.4 的证明 我们首先假设 m 是无平方因子的模 8 余 3 的正整数, $m = p_1 p_2 \cdots p_r$, 这里 p_j 是素数. 设 q 为满足下列条件的素数

$$\left(\frac{-2q}{p_j}\right) = 1 \quad (1 \leqslant j \leqslant r), \tag{4.9}$$

$$q \equiv 1 \pmod 4. \tag{4.10}$$

此处 $\left(\dfrac{a}{b}\right)$ 表示雅可比符号. 由狄利克雷有关算术级数上的素数定理易知 (考虑模 $4m$ 的简化剩余系), 这样的 q 必定存在.

由 (4.9) 和 (4.10),

$$\begin{aligned}
1 &= \prod_{j=1}^{r}\left(\frac{-2q}{p_j}\right) = \prod_{j=1}^{r}\left(\frac{-2}{p_j}\right)\left(\frac{q}{p_j}\right) \\
&= \left(\frac{-2}{m}\right)\prod_{j=1}^{r}\left(\frac{p_j}{q}\right) = \left(\frac{-2}{m}\right)\left(\frac{m}{q}\right) \\
&= \left(\frac{-2}{m}\right)\left(\frac{-m}{q}\right) = \left(\frac{-m}{q}\right),
\end{aligned} \tag{4.11}$$

这里利用了 (4.10) 和 $m \equiv 3 \pmod 8$.

因 q 是奇素数, 故而存在奇数 b, 满足 $b^2 \equiv -m \pmod q$, 或

$$b^2 - qh_1 = -m, \tag{4.12}$$

在 (4.12) 两端取模 4, 可得 $1 - h_1 \equiv 1 \pmod 4$, 故 $h_1 = 4h$, h 为整数, 即

$$b^2 - 4qh = -m. \tag{4.13}$$

另一方面, 由 (4.9) 和中国剩余定理可知, 存在整数 s 满足 $s^2 \equiv -2q \pmod m$, 因而存在 t 满足

$$t^2 \equiv -1/2q \pmod m. \tag{4.14}$$

4.3 3 平方和定理

考虑几何体

$$R^2 + S^2 + T^2 < 2m, \tag{4.15}$$

其中

$$R = 2tqx + tby + mz,$$
$$S = (2q)^{\frac{1}{2}}x + \frac{b}{(2q)^{\frac{1}{2}}}y, \tag{4.16}$$
$$T = \frac{m^{\frac{1}{2}}}{(2b)^{\frac{1}{2}}}y,$$

(4.15) 是一个体积为 $\left(\dfrac{4}{3}\right)\pi(2m)^{3/2}$ 关于原点对称的凸空间，线性变换 (4.16) 的行列式为 $m^{3/2}$. 因而，在三维空间 (x, y, z) 中，(4.15) 表示体积为 $(2^{7/2}/3)\pi$ 的凸对称区域. 易知，$(2^{7/2}/3)\pi > 8$.

由引理 4.4，存在不全为零的整点 (x, y, z) 满足 (4.15) 和 (4.16)，设为 (x_1, y_1, z_1)，相应的 (R, S, T) 值为 (R_1, S_1, T_1)，则有

$$R_1^2 + S_1^2 + T_1^2 = (2tqx_1 + tby_1 + mz_1)^2$$
$$+ \left((2q)^{\frac{1}{2}}x_1 + \frac{b}{(2q)^{\frac{1}{2}}}y_1\right)^2 + \left(\frac{m^{\frac{1}{2}}}{(2q)^{\frac{1}{2}}}y_1\right)^2$$
$$\equiv t^2(2qx_1 + by_1)^2 + \frac{1}{2q}(2qx_1 + by_1)^2$$
$$\equiv 0 \pmod{m}, \tag{4.17}$$

此处利用了 (4.14).

进一步，

$$R_1^2 + S_1^2 + T_1^2 = R_1^2 + \left((2q)^{\frac{1}{2}}x_1 + \frac{b}{(2q)^{\frac{1}{2}}}y_1\right)^2 + \left(\frac{m^{\frac{1}{2}}}{(2q)^{\frac{1}{2}}}y_1\right)^2$$
$$= R_1^2 + \frac{1}{2q}(2qx_1 + by_1)^2 + \frac{m}{2q}y_1^2$$
$$= R_1^2 + 2(qx_1^2 + bx_1y_1 + hy_1^2). \tag{4.18}$$

令

$$v = qx_1^2 + bx_1y_1 + hy_1^2, \tag{4.19}$$

注意到 R_1 是整数, 由 (4.16)—(4.18) 可得 $m|(R_1^2+2v)$. 而由 (4.15), $R_1^2+2v < 2m$. 再由 (4.16) 的非退化和 (x_1, y_1, z_1) 不全为零, 即得

$$R_1^2 + 2v = m. \tag{4.20}$$

设 p 是 v 的奇素数因子, 且 $p^{2n+1}||v$, 即 v 对于 p 的指数为奇数.

如果 $p \nmid m$, 则由 (4.20),

$$\left(\frac{m}{p}\right) = 1 \tag{4.21}$$

再由 (4.19) 和 (4.13),

$$4qv = (2qx_1 + by_1)^2 + (4qh - b^2)y_1^2 = (2qx_1 + by_1)^2 + my_1^2. \tag{4.22}$$

若 $p\,|\,q$, 则由 (4.22), $(-m/p) = 1$.

若 $p \nmid q$, 则同样由 (4.22),

$$p^{2n+1}||(e^2 + mf^2),$$

即 $(-m/p) = 1$. 因此, 无论哪种情形, 均有

$$p \equiv 1 (\mathrm{mod}\ 4).$$

如果 $p|v, p|m$, 则由 (4.19), (4.20) 和 (4.13),

$$R_1^2 + \frac{1}{2q}((2qx_1 + by_1)^2 + my_1^2) = m. \tag{4.23}$$

这就意味着 $p|R_1, p|(2qx_1+by_1)$, 考虑到 m 无平方因子, (4.25) 两端分别除以 p, 可得

$$\frac{1}{2q}\frac{m}{p}y_1^2 \equiv \frac{m}{p}(\mathrm{mod}\ p)$$

或

$$y_1^2 \equiv 2q(\mathrm{mod}\ p), \quad \left(\frac{2q}{p}\right) = 1.$$

比较 (4.9), 可得 $(-1/p) = 1$, 即

$$p \equiv 1(\mathrm{mod}\ 4).$$

4.3 3平方和定理

这样一来, 假如 v 有奇素数因子 p, 而 p 有关 v 的指数为奇数, 则 p 必为模 4 余 1, 不然的话, v 或 $2v$ 是完全平方数, 由 (4.20) 即知, m 是 3 个整数的平方和. 这就证明了当 $m \equiv 3 \pmod 8$ 时定理 4.4 成立.

假如 $m \equiv 1, 2, 5$ 或 $6 \pmod 8$, 则我们可以对证明作适当调整. 若 q 是素数, 则对 m 的任意奇素数, $\left(\dfrac{-2q}{p_j}\right) = 1$ 对 m 的每个奇素数因子 p_j 成立, 且 $q \equiv 1 \pmod 4$. 若 q 是偶数, 令 $m = 2m_1$, 则有

$$\left(\dfrac{-2}{q}\right) = (-1)^{(m_1-1)/2}, \quad t^2 \equiv -\dfrac{1}{q} \pmod{p_j},$$

此处 t 为奇数.

再令

$$R = tqx + tby + mz,$$
$$S = q^{\frac{1}{2}} x + \dfrac{b}{q^{\frac{1}{2}}} y,$$
$$T = \dfrac{m^{\frac{1}{2}}}{q^{\frac{1}{2}}} y.$$

其他证明步骤与前面类似, 定理 4.4 得证.

若把 $\delta(n)$ 扩充成为 $\Delta(n) = \#\{n = a+b, ab = c^2\}$, 则 $\Delta(n) \geqslant \delta(n)$. 1966 年, Beiler 证明了, 若 n 为奇数, $n = n_1 n_2, n_1, n_2$ 分别表示 n 的模 4 余 1 和模 4 余 3 的全体素因子的乘积, 则

$$\Delta(n) = \dfrac{1}{2} \left(\sum_{d|n_1} 2^{\omega(d)} - 1 \right),$$

其中 $\omega(d)$ 表示 d 的不同素因子个数, 它也是一个可乘函数.

蔡天新、沈忠燕、陈德溢 (参见 [Cai-Chen-Shen 1]) 证明了更一般的情形, 同时得到, 对于偶数 $n = 2^\alpha n_1 n_2 (\alpha \geqslant 1, n_1, n_2$ 的意义同上), 证明了

$$\Delta(n) = \sum_{d|n_1} 2^{\omega(d)}.$$

如同前面的证明所显示的, 模 4 余 1 的素数之所以能够表示为两个整数的平方和, 例如 $13 = 2^2 + 3^2 = (2 + 3\sqrt{-1})(2 - 3\sqrt{-1})$, 是因为在二次域 $Q(\sqrt{-1})$ 中此类素数可分解为两个素元的乘积, 而模 4 余 3 的素数本身就是 $Q(\sqrt{-1})$ 的素

元. 一般地, 二次数域中的素数分解问题, 以及二次数域里整数环中的唯一素理想分解问题, 属于类域论 (class field theory) 的研究范畴, 这是由费尔马的命题和高斯的二次互反律问题引出的一个代数数论分支.

4.4 乘积为多角形数

1752 年, 欧拉在写给哥德巴赫的信中问及: n^2+1 形素数是否有无穷多个? 这是一个非常困难的问题, 至今没有人能够回答. 2016 年, 蔡天新、陈德溢偶然发现了 (参见 [Cai-Zhong1] 或 [Cai 3]), n^2+1 为素数的一个充要条件, 即图 4.4 所示.

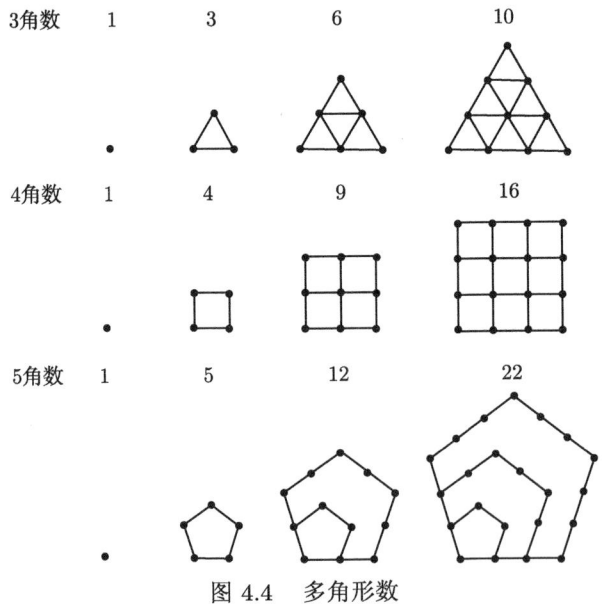

图 4.4 多角形数

定理 4.5 加乘方程

$$\begin{cases} n = a + 2b, \\ ab = \binom{c}{2} \end{cases} \tag{4.24}$$

有正整数解当且仅当 n^2+1 为合数.

换句话说, n^2+1 为素数当且仅当 (4.24) 无正整数解.

类似地, 我们还得到了

4.4 乘积为多角形数

定理 4.6 加乘方程

$$\begin{cases} n = a+b, \\ ab = \binom{c}{2} \end{cases} \tag{4.25}$$

有正整数解当且仅当 $2n^2+1$ 是合数.

下面我们来证明定理 4.6, 定理 4.5 的证明类似, 我们在此省略.

定理 4.6 的证明 首先我们注意到, 方程 (4.25) 有解当且仅当 $2n^2+1$ 有另一种表示形式, 即 $2x^2+y^2, y \geqslant 3$. 事实上, 取 $x = a-b, y = 2c-1$, 可得充分性 ($n = a+b$); 又因为 y 是奇数, n 和 x 同奇偶, 取 $a = \dfrac{n+x}{2}, b = \dfrac{n-x}{2}, c = \dfrac{y+1}{2}$, 即得必要性.

记 $T = 2n^2+1$, 则 (4.25) 的解数为 T 表示成 $2x^2+y^2$ (x, y 为正整数) 形式的个数减 1. 注意到这里要求 x 和 y 是正整数, 由 Mass 公式 (参见 [Cook 1] 的定理 5.2),

$$T = \frac{1}{2} \sum_{d \mid 2n^2+1} \left(\frac{-2}{d} \right),$$

此处 $\left(\dfrac{a}{b} \right)$ 是克罗内克符号, 当 d 为大于 1 的奇数时等同于雅可比符号.

故而 (4.25) 无解当且仅当

$$\sum_{d \mid (2n^2+1)} \left(\frac{-2}{d} \right) = 2.$$

若 $d = p_1^{\alpha_1} \cdots p_k^{\alpha_k} \mid (2n^2+1)$, 则有 $p_i \mid (2n^2+1)$, 此处 p_i ($1 \leqslant i \leqslant k$) 是奇素数. 故而 $p_i \nmid n$, 存在 n' 使得 $nn' \equiv 1 \pmod{p_i}$. 因此, 由 $2n^2+1 \equiv 0 \pmod{p_i}$ 可得

$$2 + (n')^2 \equiv 0 \pmod{p_i}, \quad \left(\frac{-2}{p_i} \right) = 1.$$

再由雅可比 (克罗内克) 符号定义知, $\left(\dfrac{-2}{d} \right) = 1$. 从而 (4.25) 无解当且仅当

$$\sum_{d \mid (2n^2+1)} 1 = 2,$$

即 $2n^2+1$ 为素数. 定理 4.6 得证.

如果把 (4.24) 中的第一个方程的系数 2 换成奇素数 p, 类似的结果并不总是成立. 但对于 $p= 3, 5, 11$ 和 29 仍成立, 即方程

$$\begin{cases} n = a + pb, \\ ab = \binom{c}{2} \end{cases}$$

有正整数解 (a 可取 0) 的充要条件: $2n^2 + p$ 是合数.

不仅如此, 作者还有以下两个猜测:

猜想 4.1 {素数$p|2n^2 + p$均为素数$, 0 \leqslant n \leqslant p - 1$} = {3, 5, 11, 29}.

猜想 4.2 {素数 $p|$ 不存在素数 $q < p$, 使得 $q|(2n^2 + p)$, n 为自然数}={3, 5, 11, 29}.

此外, 我们还推测, 形如 $2n^2 + 29$ 的素数集合等于形如 $2(29 + \Delta)^2 + 29$ 的数的最小因数集合, 形如 $2n^2 + 29$ 的数的素因子集合等于形如 $2(29i + \Delta/i)^2 + 29$ 的数的因数集合. 这里 Δ 取遍所有非负三角形数, i 是任意正整数, Δ 是 i 的倍数.

2018 年, 我们 ([Cai-Zhong 1]), 把方程 (4.25) 进一步拓广为

$$\begin{cases} n = a + b, \\ ab = tP(m, c), \end{cases} \quad (4.26)$$

其中 a, b 和 t 均为正整数,

$$P(m, c) = \frac{c}{2}\{(m - 2)c - (m - 4)\}$$

是第 c 个 m 角形数. 显然, 当 $m = 3$ 或 4 时, $P(m, c)$ 为正整数, 而当 $m>4$ 时, $P(m, c)$ 为整数. (4.24) 可以改写为

$$\begin{cases} n = a + b, \\ ab = c(c + 1). \end{cases}$$

设 $r_{m,t}(n)$ 表示方程 (4.26) 的解数, 我们先来研究 $r_{m,t}(n) = 0$ 的情形, 即 (4.26) 无解的条件. 特别地, 我们考虑 $r_{5,1}(n) = 0$, 即

$$\begin{cases} n = a + b, \\ ab = P(5, c) = \frac{1}{2}c(3c - 1) \end{cases}$$

无解的情形, 证明其充要条件是 $6n^2 + 1$ 是素数.

更一般地, 我们有

4.4 乘积为多角形数

定理 4.7 如果 $2(m-2)n^2 + t(m-4)^2$ 是素数, 则 (4.26) 无解.

为证明定理 4.7, 我们需要下列引理 (参见 [Nagell 1], 定理 101).

引理 4.5 设 c 和 d 是非负整数, 素数 p 至多可以一种形式表示成

$$cx^2 + dy^2,$$

其中 x 和 y 为非负整数.

为证明定理 4.7, 我们需要考虑下列方程

$$2(m-2)n^2 + t(m-4)^2 = 2(m-2)x^2 + ty^2, \qquad (4.27)$$

记其解数为 $r'_{m,t}(n)$.

定理 4.7 的证明 首先, 设 (a,b,c) 是 (4.26) 的一组解, 则 $(x,y) = (|a-b|, |2(m-2)c-(m-4)c|)$ 是 (4.27) 的非负整数解, 这是因为

$$2(m-2)(a-b)^2 + t(2(m-2)c - (m-4))^2$$
$$= 2(m-2)((a+b)^2 - 4ab) + t(2(m-2)c - (m-4))^2$$
$$= 2(m-2)(n^2 - 4tP(m,c)) + 4t(m-2)c((m-2)c - (m-4)) + t(m-4))^2$$
$$= 2(m-2)n^2 - 8t(m-2)P(m,c) + 8t(m-2)P(m,c) + t(m-4)^2$$
$$= 2(m-2)n^2 + t(m-4)^2.$$

其次, 如果 (4.26) 存在另一组整数解 (a',b',c'), 满足

$$|a-b| = |a'-b'|, \quad |2(m-2)c - (m-4)| = |2(m-2)c' - (m-4)|,$$

则有 $a = a'$ 或 $b = a'$. 故而 $r_{m,t}(n) \leqslant r'_{m,t}(n)$. 又因为 a 和 b 大于 1, 故而

$$r_{m,t}(n) \leqslant r'_{m,t}(n) - 1.$$

再注意到 $(x,y) = (n, |m-4|)$ 是 (4.27) 的一个解, 由引理 4.5, 如果 $2(m-2)n^2 + t(m-4)^2$ 是素数, 则有 $r'_{m,t}(n) = 1, r_{m,t}(n) = 0$. 也就是说, (4.26) 无解. 定理 4.7 得证.

进一步, 我们得到了 $r_{m,t}(n)$ 和 $r'_{m,t}(n)$ 之间的一个关系, 即

定理 4.8 在下列三种情况下:

(1) $t = 1, m = 3$ 或 $p+2$;

(2) $t = 2, m = 3$ 或 $2p+2$;

(3) t 是奇素数, $t \neq m-2, m = 3$ 或 $p+2$, 其中 p 是奇素数, 恒有

$$r_{m,t}(n) = r'_{m,t}(n) - 1.$$

证明 设 (x,y) 是 (4.27) 的整数解, p 是奇素数.

(1) $t=1, m=3$ 或 $p+2$ 的情形.

若 $n<x$, 则 $y<|m-4|$, 对 $m=3$ 或 5 是不可能的. 当 $m>5$ 时, $y<|m-4|$, 故 $0\leqslant y\leqslant m-5$. 如果 $y=0$, 则有

$$2pn^2+(p-2)^2=2px^2,$$

由此导出 $p|(p-2)^2$. 矛盾! 因而 $1\leqslant y\leqslant m-5$. 再由 (4.27),

$$2(m-2)m^2+(m-4)^2=2(m-2)x^2+y^2. \tag{4.28}$$

故而

$$2(m-2)(n+x)(n-x)=(y+m-4)(y-m+4).$$

因此, $2p=2m-4$ 整除 $y+m-4$ 或 $m-4-y$. 注意到

$$m-3\leqslant y+m-4\leqslant 2m-9, \quad 1\leqslant m-4-y\leqslant m-5,$$

我们有

$$m-5<2m-9<2m-4.$$

矛盾! 故而 $n\geqslant x$.

若 $n>x$, 可以验证, $((n+x)/2,(n-x)/2,c)$ 是 (4.26) 的一个正整数解, 这里

$$c=\frac{m-4+y}{2(m-2)} \quad \text{或} \quad \frac{m-4-y}{2(m-2)}$$

为整数. 假如 $m>3, c$ 为正整数. 事实上, 由 (4.28), n 和 x 同奇偶, 故 $(n+x)/2$ 和 $(n-x)/2$ 均为正整数.

如同前文所讨论的, 当 $n>x, 2p=2m-4$ 整除 $m-4+y$ 或 $m-4-y$ 时, 这就意味着 $\dfrac{m-4+y}{2(m-2)}$ 或 $\dfrac{m-4-y}{2(m-2)}$ 为整数. 因而可以取整数 c, 使满足

$$y=|2(m-2)c-(m-4)|.$$

现在, 我们来验证 $((n+x)/2,(n-x)/2,c)$ 是 (4.26) 的一个解. 显而易见, $(n+x)/2+(n-x)/2=n$, 另一方面

$$(n+x)/2\cdot(n-x)/2=\frac{y^2-(m-4)^2}{8(m-2)}=\frac{(2(m-2)c-(m-4))^2-(m-4)^2}{8(m-2)}$$

4.4 乘积为多角形数

$$= \frac{c}{2}((m-2)c - (m-4)) = P(m,c).$$

进而, $(x,y) \to \left(\frac{n+x}{2}, \frac{n-x}{2}, c\right)$ 是一个单射.

若 $n = x$, 则 $(n, |m-4|)$ 是 (4.27) 的一个整数解, 但 $((n+x)/2, (n-x)/2, c)$ 并不能为 (4.26) 提供一个正整数解, 因为此时 $(n-x)/2 = 0$.

因此, $r_{m,t}(n) \geqslant r'_{m,t}(n) - 1$. 再由定理 4.7 的证明过程可知, $r_{m,t}(n) = r'_{m,t}(n) - 1$.

(2) $t = 2, m = 3$ 或 $2p+2$ 的情形.

若 $n < x$, 则 $y < |m-4|$, 对 $m = 3$ 并不成立. 当 $m > 5$ 时, $y < |m-4|$, 故 $0 \leqslant y \leqslant m-5$. 如果 $y = 0$, 则 $2pn^2 + 4(p-1)^2 = 2px^2$, 由此导出

$$p \mid 4(p-1)^2.$$

矛盾! 因而 $1 \leqslant y \leqslant m-5$.

再由 (4.27),

$$(m-2)m^2 + (m-4)^2 = (m-2)x^2 + y^2, \tag{4.29}$$

故而

$$(m-2)(n+x)(n-x) = (y+m-4)(y-m+4).$$

$2p = 2m - 2$ 整除 $y + m - 4$ 或 $m - 4 - y$. 注意到

$$m - 3 \leqslant y + m - 4 \leqslant 2m - 9, \quad 1 \leqslant m - 4 - y \leqslant m - 5,$$

我们有

$$m - 5 < 2m - 9 < 2m - 4.$$

矛盾! 故而 $n \geqslant x$.

若 $n > x$, 我们分两种情况讨论.

如果 $m = 3$, 则有 $n^2 + 1 = x^2 + y^2$. 考虑同余式

$$n^2 + 1 \equiv x^2 + y^2 \pmod{4},$$

我们有

$$n^2 \equiv x^2 \pmod{4} \quad \text{或} \quad n^2 \equiv y^2 \pmod{4}.$$

不失一般性, 假设 $n^2 \equiv x^2 \pmod 4$, 可知 n 和 x 同奇偶, y 为奇数, 由此推出 $((n+x)/2, (n-x)/2, (y-1)/2)$ 是 (4.26) 的正整数解.

事实上,
$$(n+x)/2 + (n-x)/2 = n,$$
且
$$(n+x)/2 \cdot (n-x)/2 = (y^2-1)/4 = ((2c+1)^2-1)/4 = 2P(3,c).$$

如果 $m = 2p+2$, 可证 $((n+x)/2, (n-x)/2, c)$ 是 (4.26) 的正整数解, 此处
$$c = \frac{m-4+y}{2(m-2)} \quad \text{或} \quad \frac{m-4-y}{2(m-2)}$$

是整数. 由 (4.28) 可知, n 和 x 同奇偶, $(n+x)/2$ 和 $(n-x)/2$ 是正整数. 如同前面所讨论的, $2p = 2m-4$ 整除 $m-4+y$ 或 $m-4-y$, 这就意味着 $\dfrac{m-4+y}{2(m-2)}$ 或 $\dfrac{m-4-y}{2(m-2)}$ 为整数. 因而, 可以取整数 c, 使满足
$$y = |2(m-2)c - (m-4)|.$$

现在, 我们来验证 $((n+x)/2, (n-x)/2, c)$ 是 (4.26) 的一个解. 显而易见, $(n+x)/2 + (n-x)/2 = n$, 另一方面
$$(n+x)/2 \cdot (n-x)/2 = \frac{y^2-(m-4)^2}{4(m-2)} = \frac{(2(m-2)c-(m-4))^2-(m-4)^2}{4(m-2)}$$
$$= c((m-2)c - (m-4)) = 2P(m,c).$$

进而, $(x,y) \to \left(\dfrac{n+x}{2}, \dfrac{n-x}{2}, c\right)$ 是一个单射.

若 $n = x$, 则 $(n, |m-4|)$ 是 (4.27) 的一个整数解, 但 $((n+x)/2, (n-x)/2, c)$ 并不能为 (4.26) 提供一个正整数解, 因为此时 $(n-x)/2 = 0$.

因此, $r_{m,t}(n) \geqslant r'_{m,t}(n) - 1$. 再由定理 4.7 的证明过程可知, $r_{m,t}(n) = r'_{m,t}(n) - 1$.

(3) t 为奇素数, $t \neq m-2, m = 3$ 或 $p+2$ 的情形.

情况与前两种类似. 易知, $((n+x)/2, (n-x)/2, c)$ 是 (4.26) 的正整数解, 其中
$$c = \frac{m-4+y}{2(m-2)} \quad \text{或} \quad \frac{m-4-y}{2(m-2)}$$

4.4 乘积为多角形数

且 c 为整数 (如果 $m = 3, c > 0$). 此外, $n \leq x$ 的情形只能由一个解 $(m, |m-4|)$, 由此可得 $r_{m,t}(n) = r'_{m,t}(n) - 1$. 定理 4.8 得证.

利用定理 4.8 和二次型的一系列包括秩数在内的相关性质, 我们还给出了若干 $r_{m,t}(n)$ 的取值 (证明省略), 即

定理 4.9 设 $d(n)$ 表示 n 的除数因子个数, 则有

$$r_{3,1}(n) = [\{d(2n^2 + 1) - 1\}/2],$$

$$r_{5,1}(n) = [\{d(6n^2 + 1) - 1\}/2],$$

$$r_{7,1}(n) = [\{d_{(3)}(10n^2 + 9) - 1\}/2],$$

$$r_{13,1}(n) = [\{d_{(3)}(22n^2 + 81) - 1\}/2],$$

$$r_{31,1}(n) = [\{d_{(3)}(58n^2 + 729) - 1\}/2],$$

$$r_{3,2}(n) = d(n^2 + 1)/2 - 1,$$

$$r_{8,2}(n) = [\{d_{(2)}(3n^2 + 8) - 1\}/2],$$

$$r_{12,2}(n) = [\{d_{(2)}(5n^2 + 32) - 1\}/2],$$

$$r_{24,2}(n) = [\{d_{(2,5)}(11n^2 + 200) - 1\}/2],$$

$$r_{60,2}(n) = [\{d_{(2,7)}(29n^2 + 1568) - 1\}/2],$$

$$r_{3,3}(n) = [\{d_{(3)}(2n^2 + 3) - 1\}/2],$$

$$r_{3,5}(n) = [\{d_{(5)}(2n^2 + 5) - 1\}/2],$$

$$r_{3,11}(n) = [\{d_{(11)}(2n^2 + 11) - 1\}/2],$$

$$r_{3,29}(n) = [\{d_{(29)}(2n^2 + 29) - 1\}/2],$$

其中 $[x]$ 表示不超过 x 的最大整数.

推论 4.1 我们有

$$r_{3,1}(n) = 0 \Leftrightarrow 2n^2 + 1 \in \mathbb{P},$$

$$r_{5,1}(n) = 0 \Leftrightarrow 6n^2 + 1 \in \mathbb{P},$$

$$r_{7,1}(n) = 0 \Leftrightarrow 10n^2 + 9 \in \mathbb{P} \cup 9\mathbb{P},$$

$$r_{13,1}(n) = 0 \Leftrightarrow 22n^2 + 81 \in \mathbb{P} \cup 9\mathbb{P} \cup 81\mathbb{P},$$

$$r_{31,1}(n) = 0 \Leftrightarrow 58n^2 + 729 \in \mathbb{P} \cup 9\mathbb{P} \cup 81\mathbb{P} \cup 729\mathbb{P},$$

$$r_{3,2}(n) = 0 \Leftrightarrow n^2 + 1 \in \mathbb{P},$$

$$r_{8,2}(n) = 0 \Leftrightarrow 3n^2 + 8 \in \mathbb{P} \cup 4\mathbb{P} \cup 8\mathbb{P},$$

$$r_{12,2}(n) = 0 \Leftrightarrow 5n^2 + 32 \in \mathbb{P} \cup 4\mathbb{P} \cup 16\mathbb{P} \cup 32\mathbb{P},$$

$$r_{24,2}(n) = 0 \Leftrightarrow 11n^2 + 200 \in \mathbb{P} \cup 4\mathbb{P} \cup 25\mathbb{P} \cup 100\mathbb{P} \cup 200\mathbb{P},$$

$$r_{60,2}(n) = 0 \Leftrightarrow 29n^2 + 1568 \in \mathbb{P} \cup 4\mathbb{P} \cup 16\mathbb{P} \cup 32\mathbb{P}$$
$$\cup 49\mathbb{P} \cup 196\mathbb{P} \cup 784\mathbb{P} \cup 1568\mathbb{P},$$

$$r_{3,3}(n) = 0 \Leftrightarrow 2n^2 + 3 \in \mathbb{P} \cup 3\mathbb{P},$$

$$r_{3,5}(n) = 0 \Leftrightarrow 2n^2 + 5 \in \mathbb{P} \cup 5\mathbb{P},$$

$$r_{3,11}(n) = 0 \Leftrightarrow 2n^2 + 11 \in \mathbb{P} \cup 11\mathbb{P},$$

$$r_{3,29}(n) = 0 \Leftrightarrow 2n^2 + 29 \in \mathbb{P} \cup 29\mathbb{P}.$$

1978 年, 波兰裔美国数学家伊万尼奇 (Henryk Iwaniec, 1947—) 证明了 (参见 [Iwaniec 1]), 存在无穷多个整数 n, 使得不可约二项式 $an^2 + bn + c$ 至多有两个素因子, 其中 $a > 0, c$ 为奇数. 由此可得

推论 4.2 如果 $(m,t) = (3,1), (5,1)$ 或 $(7,1)$, 则存在无穷多个 n, 满足 $r_{m,t}(n) \leqslant 1$.

最后, 我们有类似于 (4.25) 更多自变量的问题, 例如

$$\begin{cases} n = a + b + c, \\ abc = \binom{d}{3}. \end{cases}$$

我们猜测, 当 $n \neq 1, 2, 4, 7, 11$ 时上述加乘方程有正整数解.

参 考 文 献

[Cai 1]   Cai T X. A Modern Introduction to Classical Number Theory. Singapore: World Scientific, 2021.

[Hardy-Wright 1]   Hardy G H, Wright E M. An Introduction to the Theory of Numbers. Oxford: Oxford University Press, 1979.

[Vinogradov 1]   维诺格拉多夫. 数论基础. 裘光明, 译. 北京: 高等教育出版社, 1952.

[Hua 1]   华罗庚. 数论导引. 北京: 科学出版社, 1957.

[Erickson-Vazzana 1]   Erickson M, Vazzana A. Introduction to Number Theory. London: Chapman & Hall/ CRC, 2006.

参考文献

[Ankeny 1] Ankeny N C. Sums of three squares. Proc. Amer. Math. Soc., 1957, 8: 316-319.

[Cai-Chen-Shen 1] Cai T X, Chen D Y, Shen Z Y. The number of representations for $n = a + b$ with $ab = tc^2$ or $\binom{c}{2}$. preprint.

[Cai-Zhong 1] Zhong H, Cai T X. On the number of representations of $n = a + b$ with ab a multiple of a polygonal number. preprint.

[Cai 3] Cai T X. Additive representations with product equal to a polygonal number. to appear in China Advance of Mathematics.

[Cook 1] Cook J P. The Mass Formula for Binary Quadratic Forms. preprint.

[Nagell 1] Nagell T. Introduction to Number Theory. New York: Wiley, 1951.

[Iwaniec 1] Iwaniec H. Almost-primes represented by quadratic polynomials. Inventiones Mathematicae, 1978, 47: 171-188.

第 5 章 形素数和 F 完美数

> 数学是一种别具匠心的艺术.
> ——保罗·哈尔莫斯

5.1 形素数的引入

1742 年, 从圣彼得堡科学院转任柏林科学院不久的瑞士数学家欧拉在给哥德巴赫的一封回信中指出:

> 任何一个大于 4 的偶数均可表示成 2 个奇素数之和.

在此以前, 哥德巴赫写信给欧拉, 告之自己的发现, 即 "每个大于或等于 9 的奇数均可表示成 3 个奇素数之和". 后一个断言又叫塔利问题 (ternary Goldbach conjecture), ternary 的意思是三元. 不难看出, 欧拉的猜想可以直接导出塔利问题的解决, 后人统称它们为哥德巴赫猜想, 这可能是因为, 数学史上已有许多以欧拉命名的定理和公式. 可是后来, 人们在法国笛卡儿散失的遗著里获悉, 早在 17 世纪, 这位酷爱数论的几何学家就已经发现哥德巴赫猜想这一自然数的奥妙.

虽然每位小学生都能验证 $6 = 3+3, 8 = 3+5, 10 = 3+7 = 5+5, \cdots$, 但到目前为止, 仍然无人可以证明或否定哥德巴赫猜想. 最接近的结果是由中国数学家陈景润 (1933—1996) 得到的, 他在 1966 年证明了:

> 每个充分大的偶数均可以表示成一个奇素数和一个素因子不超过 2 个的奇数之和.

陈景润采用一种新的加权筛法, 这是古老的埃拉托色尼筛法的变种. 另一方面, 早在 1937 年, 苏联数学家维诺格拉多夫 (Ivan Vinogradov, 1891—1983) 便利用哈代和李特尔伍德发明的圆法证明了, "每个充分大的奇数均可表示为 3 个素数之和". 2013 年 5 月, 任职于法国巴黎高等师范学校的秘鲁数学家哈拉尔德·贺尔夫各特 (Harald Helfgott, 1977—) 发表了两篇论文 (参见 [Helfgott 1] 和 [Helfgott 2]), 宣告完全证明了奇数哥德巴赫猜想.

需要指出的是, 偶数哥德巴赫猜想的许多结果 (如表示法个数) 可以相应地推广到孪生素数猜想上去. 所谓孪生素数是指相差为 2 的素数对, 如 (3, 5), (5, 7). 孪生素数猜想是说, 存在无穷多对孪生素数. 虽然数学史家已经无法弄清楚, 何时

5.1 形素数的引入

何地何人率先提出孪生素数猜想, 有一点却可以肯定, 1849 年, 法国数学家德波利尼亚克 (Alphonse de Polignac, 1826—1863) 提出了如今以他的名字命名的

德波利尼亚克猜想 对于任意自然数 k, 存在无穷多对素数 p 和 q, 使得 $p - q = 2k$.

当 $k = 1$ 时, 此即孪生素数猜想.

2004 年, 华裔澳大利亚数学家陶哲轩 (T. Tao, 1975—) 和英国数学家格林 (Ben Green, 1977—) 利用分析中的遍历理论和组合中的拉姆齐理论证明了:

定理 (格林–陶) 存在无穷多个任意长度的素数等差数列.

所谓长度是指等差数列中的元素个数, 例如, 3, 5, 7 是长度为 3 的素数等差数列, 公差为 2; 109, 219, 329, 439, 549 是长度为 5 的素数等差数列, 公差为 110. 2007 年, 波兰数学家弗罗布莱夫斯基 (Wroblewski) 找到了长度为 24 的素数等差数列 (2008 年和 2010 年又有人找到长度为 25 和 26 的素数等差数列):

$$468395662504823 + 45872132836530n \quad (0 \leqslant n \leqslant 23).$$

格林–陶定理很强, 因为此前即使是长度为 3 的素数等差级数, 人们也无法确定它们是否有无限多个. 陶哲轩因此成果及其他工作获得了 2006 年的菲尔兹奖.

另一方面, 早在 1940 年, 爱多士就证明了, 存在常数 $c < 1$, 使得有无穷多对相邻素数 p, p', 满足 $p' - p < c \ln p$. 2005 年, 美国人 Daniel Goldston、匈牙利人 Janos Pintz 和土耳其人 Cem Yildirim 合作证明了, c 可以取任意小的正数. 2013 年春天, 旅美华裔数学家张益唐 (1955—) 正是在上述工作的基础上证明了:

定理 (张益唐) 存在无穷多对素数 (p, q), 两者相差不超过 7×10^7.

这一结果意味着, 已向孪生素数猜想的证明迈出了重要一步, 张益唐也因此获得了众多荣誉. 随后, 在陶哲轩倡导的 polymath 8 计划里, 定理中的常数不断下降, 特别是, 年轻的牛津大学博士后梅纳德 (James Maynard, 1987—) 利用自己独创的方法, 把常数缩小到 600. 之后, 其他同行又利用梅纳德的方法, 将常数缩小到 246, 那是在 2014 年 3 月. 然而, 从那时起, 这个数字再无改进. 倒是让我想起, 中国古典数学名著《九章算术》恰好包含了 246 个问题. 而在 2020 年国际数学家大会上, 梅纳德因为这项成果以及其他工作, 获得了菲尔兹奖.

现在我们想要说的是, 很久以来, 本人对哥德巴赫猜想有三点保留意见. 或者说, 这个赫赫有名的猜想存在三个缺憾. 其一, 素数是整数乘法分解时的因子, 而用它来构建整数加法并非其所长. 其二, 把偶数和奇数分别表示成 2 个素数和 3 个素数之和, 不够一致和美观. 其三, 随着 n 的增加, 偶数表示为奇素数之和的方法越来越多, 甚至趋于无穷多, 颇有些浪费了.

为此, 经过许多次探索和计算, 作者在 2013 年春天定义了下列形素数 (figurate prime, 参见 [Cai 1])

$$\binom{p^i}{j},$$

其中 p 为素数, i 和 j 是任意正整数. 此集合包含了 1, 全体素数和它们的幂次, 其中偶数虽说相对稀少仍有无穷多个. 可以看出, 形素数兼具素数和形数的特性 (后者属于古老的毕达哥拉斯学派), 其个数在无穷意义上与素数个数一样多, 即不超过 x 的形素数个数为 $x/\log x$.

我们有 (已验证至 10^7)

猜想 5.1 任何大于 1 的正整数均可表为 2 个形素数之和.

进一步, 如果定义非素数的形素数为真形素数. 容易估计, 真形素数的阶为 $C\sqrt{x}/\log x$, 其中 $C = 2 + 2\sqrt{2}$, 奇偶数各约占一半. 以下是我们制作的表格:

正整数范围	素数个数	形素数个数	真形素数个数
$\leqslant 100$	25	47	22
$\leqslant 1000$	168	226	58
$\leqslant 10000$	1229	1355	126
$\leqslant 100000$	9592	9866	274
$\leqslant 1000000$	79498	79096	598
阶	$x/\log x$	$x/\log x$	$C\sqrt{x}/\log x$

我们有 (已验证至 10^7)

猜想 5.2 任意大于 5 的整数均可表示为一个素数和一个真形素数之和.

与此同时, 我们也有了比孪生素数猜想更精细的猜想:

猜想 5.3 存在无穷多对相邻的形素数.

假如 p 和 $\dfrac{p^2 - p + 2}{2}$ 均为素数, 则 $\binom{p}{2}$, $\binom{p}{2} + 1$ 是一对相邻的形素数, 反之亦然. 这样的素数 p 在 100 以下的有 2, 5, 13, 17, 41, 61, 89, 97, 第 1000 个这样的素数为 116797.

而假如把 1 和平凡的情形 (二项式系数的对称性) 排除在外, 我们有

猜想 5.4 形素数是不同的.

猜想 5.4 是我们首先所期盼的, 它的难度比前述任何猜想都要小. 虽然我们尚不能给予完全证明, 却有下列结论.

定理 5.1 假设 $\binom{p^\alpha}{i} = \binom{q^\beta}{j}$ 非平凡, 其中 α 和 β 是正整数, $0 < i < p^\alpha, 0 < j < q^\beta$, 则必 $p|i$, 或 $q|j$.

此定理是 2015 年秋天, 在我们的数论讨论班上, 由研究生陈小航提出来的. 为此需要利用德国数学家库默尔于 1852 年建立的下列引理, 此引理曾于 1878 年被法国数学家卢卡斯 (F. E. A. Lucas, 1842—1891) 再次发现.

引理 5.1 设 a 和 b 是正整数, m 是整除 $\binom{a+b}{a}$ 的素数 p 的最高幂次, 即 $p^m \Big\| \binom{a+b}{a}$, 则 m 等于 a 和 b 各自按 p 进制展开后相加时系数进位的次数 (carries 或 carry-over).

证明参见 [Ribenboim 1], 由证明的过程可以得到

引理 5.2 设 $p^m \Big\| \binom{n}{k}, 1 \leqslant k \leqslant n$, 则 $p^m \leqslant n$.

定理 5.1 的证明 用反证法, 设 $p \nmid i, q \nmid j$. 任给 $1 \leqslant i_0 < i$, 假定 $p^v \| i_0, 0 \leqslant v \leqslant \alpha$, 则有 $p^v \| (p^\alpha - i_0)$. 由此可知, 分式

$$\binom{p^\alpha}{i} = \frac{p^\alpha(p^\alpha-1)\cdots(p^\alpha-(i-1))}{1\cdots(i-1)i}$$

中分子的第 2 项至第 i 项与分母的第 1 项至第 $i-1$ 项分别含有 p 的相同幂次, 它们依次抵消, 故而 $p^\alpha \Big\| \binom{p^\alpha}{j}$. 同理可证, $q^\beta \Big\| \binom{q^\beta}{j}$. 由引理 5.2, $p^\alpha \leqslant q^\beta, q^\beta \leqslant p^\alpha$, 故而 $p^\alpha = q^\beta, i = j$ 或 $p^\alpha - j$. 与假设矛盾! 定理 5.1 得证.

1900 年, 在巴黎索邦大学举行的国际数学家大会上, 希尔伯特在陈述第 8 问题时, 最后说了下面一段永载数学史册的话:

> 对于黎曼素数公式 (即黎曼猜想) 进行彻底讨论之后, 我们或许就能够完全解决哥德巴赫问题, 即是否每个偶数都能表示为两个素数之和, 并且能够进一步着手解决是否存在无穷多对差为 2 的素数问题, 甚至能够解决更一般的问题, 即线性丢番图方程 $ax+by+c=0, (a,b)=1$ 是否总有素数解 x 和 y.

一直以来, 关于希尔伯特提到的上述线性丢番图方程没有任何具体的问题或猜想. 而在引入形素数的概念后, 我们试图让希尔伯特牵挂的丢番图方程有确切的意义. 同时, 也把哥德巴赫猜想和孪生素数猜想包含其中, 即分别对应于 $a = b = 1$, n 为偶数和 $a = 1, b = -1, c = -2$. 经过计算机检验, 我们有下列猜想, 其中后半部分可利用丢番图方程的性质, 由辛策尔假设 (Schinzel hypothesis) 导出 (图 5.1).

图 5.1　作者与辛策尔在日本九州的火车上

猜想 5.5　设 a 和 b 为任意给定的正整数，$(a,b) = 1$，则对每个整数 $n > (a-1)(b-1)+1$，方程

$$ax + by = n$$

恒有形素数解 (x,y)；而如果 $n \equiv a+b \pmod 2$，则方程

$$ax - by = n$$

恒有无穷多组素数解 (x,y).

5.2　皮莱猜想的推广

1912 年，美国出生的英国数学家莫德尔 (Louis Joel Mordell, 1888—1972) 研究了下列方程

$$y^2 = x^3 + k \tag{5.1}$$

其中 k 为整数. 并且他提出了猜想: 对任意整数 k，(5.1) 至多有有限多个整数解.

1922 年，莫德尔又提出了下列更广泛的猜想 (参见 [Mordell 2]):

莫德尔猜想　设 C 为有理数域上亏格大于 1 的曲线，则 C 上至多有有限多个有理点.

1983 年，德国数学家法尔廷斯证明了莫德尔猜想. 从而，他也证明了费尔马方程至多有有限多个解. 1986 年，法尔廷斯在加州大学伯克利分校举行的国际数学家大会上荣获了菲尔兹奖.

另一方面，早在 1931 年，印度数学家皮莱 (S. S. Pillai, 1901—1950) 就提出了后来以他的名字命名的猜想 (参见 [Pillai 1])，即 (图 5.2):

5.2 皮莱猜想的推广

图 5.2 皮莱像

皮莱猜想 设 a 和 b 是大于 1 的正整数, 对任意整数 k, 方程

$$x^a - y^b = k \tag{5.2}$$

至多有有限多个整数解.

若 x 和 y 均为素数, 允许方程 (5.2) 中的 a 或 b 取 1, 则有

当 x 为奇素数, $y=2, k=1$, 此即费尔马素数;

当 $x=2, b=1, k=1$, 此即梅森素数;

当 $a=b=1, k=2$, 此即孪生素数猜想.

当 $k=1$, 此即卡塔兰猜想或米哈伊莱斯库定理, 我们将在 7.3 节叙述.

事实上, 皮莱猜想有着更为广泛的形式:

设 A, B, C 是给定的正整数, $(m,n) \neq (2,2)$, 则下列丢番图方程

$$Ax^m - By^n = C$$

至多有有限多个整数解.

与比尔猜想和费尔马–卡塔兰猜想一样, 容易证明, 皮莱猜想在 abc 假设条件下成立. 不幸的是, 皮莱后来死于飞机失事, 当时他正从加尔各答前往普林斯顿高等研究院访学, 并出席在波士顿举行的国际数学家大会.

在定义了形素数之后, 我们考虑下列丢番图方程

$$\binom{p^a}{i} - \binom{q^b}{j} = k, \tag{5.3}$$

这里 p 和 q 为素数, a, b, i, j, k 为正整数.

利用初等数论方法和技巧, 可以得到

定理 5.2 设 $k=1, j=1$, 当 $i=2$ 时, (5.3) 恰好有四个解

$$(p,q,a,b) = (2,5,2,1), (3,2,1,1), (2,3,3,3), (5,3,1,2);$$

当 $i=3$ 时, (5.3) 恰好有三个解

$$(p,q,a,b) = (2,3,2,1), (3,83,2,1), (5,3,1,2)$$

当 $i=4$ 时, (5.3) 恰好有两个解

$$(p,q,a,b) = (5,2,1,2), (3,5,2,3).$$

设 $i=b=1, j=2$. 若 a 是偶数, 则 (5.3) 有唯一解 $(p,q)=(2,3)$; 若 $a=1$, 则 (5.3) 似乎有无穷多个解. 例如, 存在无穷多组解 (p,q) 满足

$$p^a - 1 = \binom{q}{2}.$$

可是, 要把这些解全部表达出来是一件十分困难的事, 其中最小的十组解是

$$(p,q) = (2,2), (11,5), (79,13), (137,17), (821,41), (1831,61)$$

$$(3917,89), (4657,97), (5051,101), (6329,113).$$

若 $a>1$ 是奇数, 我们猜测 (5.3) 无解, 至少当 $a=3$ 时是容易证明的.

类似地, 我们也可以考虑丢番图方程

$$p^a - 1 = \binom{q^b}{3}.$$

它的所有解是 $(p,q,a,b) = (5,2,1,2), (2,3,1,1), (11,5,1,1)$.

当 $i=j \geqslant 2$, 容易验证 (5.3) 无解.

利用椭圆曲线理论和 Magma 计算方法等, 我们得到下面两个定理.

定理 5.3 若 $(i,j)=(2,3)$, 则 (5.3) 有唯一解 $(p,q,a,b)=(3,7,2,1)$; 若 $(i,j)=(3,2)$, 则 (5.3) 恰有两个解 $(p,q,a,b)=(2,3,2,1), (3,7,2,1)$;

5.2 皮莱猜想的推广

若 $(i,j) = (2,4)$, 则 (5.3) 也有两个解

$$(p,q,a,b) = (2,5,2,1), (3,7,2,1);$$

而若 $(i,j) = (4,2)$, 则 (5.3) 无解.

当 $k = 2$ 时, 我们有

定理 5.4 若 $(i,j) = (2,3)$, 则 (5.3) 恰有两个解

$$(p,q,a,b) = (2,2,2,2), (3,3,1,1);$$

若 $(i,j) = (3,2)$, 则 (5.3) 无解; 若 $(i,j) = (2,4)$, 则 (5.3) 有唯一解

$$(p,q,a,b) = (3,2,1,2);$$

而若 $(i,j) = (4,2)$, 则 (5.3) 有唯一解

$$(p,q,a,b) = (5,3,1,1).$$

定理 5.2 的证明 设 $k = 1$, 若 $(i,j) = (2,1)$, 则 (5.3) 等价于

$$(p^a + 1)(p^a - 2) = 2q^b,$$

易见, $d = (p^a + 1, p^a - 2) = 1$ 或 3.

当 $d = 1, p = 2$ 时, 我们有

$$2^a - 2 = 2, \quad 2^a + 1 = q^b$$

或

$$2^a - 2 = 2q^b, \quad 2^a + 1 = 1,$$

由此可得 $(p,q,a,b) = (2,5,2,1)$.

当 $d = 1, p > 2$ 时, 我们有

$$p^a - 2 = q^b, \quad p^a + 1 = 2$$

或

$$p^a - 2 = 1, \quad p^a + 1 = 2q^b,$$

由此可得 $(p,q,a,b) = (3,2,1,1)$.

当 $d = 3$ 时, $q = 3$. 若 $p = 2$, 则有

$$2^a - 2 = 6, \quad 2^a + 1 = 3^{b-1},$$

或
$$2^a - 2 = 2 \cdot 3^{b-1}, \quad 2^a + 1 = 3,$$

由此可得 $(p, q, a, b) = (2, 3, 3, 3)$.

而若 $p > 2$, 则有
$$p^a - 2 = 3, \quad p^a + 1 = 2 \cdot 3^{b-1},$$

或
$$p^a - 2 = 3^{b-1}, \quad p^a + 1 = 6,$$

由此可得 $(p, q, a, b) = (5, 3, 1, 2)$.

类似地, 我们可以证明 $(i, j) = (3, 1)$ 或 $(4, 1)$ 的情形. 定理 5.2 得证.

下面论证中, 我们用记号 $(X, \pm Y) = (10, -11; 189)$ 表示 $(X, \pm Y) = (10, 189)$, $(-11, 189)$.

定理 5.3 的证明 设 $k = 1$. 为方便计, 若 $(i, j) = (2, 3)$, 在 (5.3) 中取 $p^a = y, q^b = x$; 而若 $(i, j) = (3, 2)$, 则取 $p^a = x, q^b = y$. 令
$$x = \frac{X + 12}{12}, \quad y = \frac{Y + 36}{72},$$

其逆变换是
$$X = 12x - 12, \quad Y = 36(2y - 1).$$

由此, 我们分别可得
$$Y^2 = X^3 - 144X + 11664, \quad Y^2 = X^3 - 144X - 3024.$$

利用 Magma 程序包, 我们不难求得上述两条椭圆曲线的整点. 对于前一条椭圆曲线, 我们得到一个整点 $(72, 612)$, 由此可导出 (5.3) 的一个解 $(p, q, a, b) = (3, 7, 2, 1)$. 对于第二条椭圆曲线, 我们得到两个整点 $(36, 180)$ 和 $(84, 756)$. 由此可导出 (5.3) 的两个解 $(p, q, a, b) = (2, 3, 2, 1), (3, 7, 2, 1)$.

若 $(i, j) = (2, 4)$, 在 (5.3) 中取 $p^a = y, q^b = x$. 令
$$x = \frac{X + 3}{6}, \quad y = Y + 2,$$

由此可得
$$Y^2 = 3X^4 + 6X^3 - 3X^2 - 6X + 81.$$

5.2 皮莱猜想的推广

利用 Magma 程序包, 我们可求得上述椭圆曲线的整点:

$$(X, \pm Y) = (10, -11; 189), (-1, -2; 9), (1, 0; 9), (-4, 3; 21),$$

$$(-6, 5; 51), (-92, 91, 14499).$$

我们发现, 当 $(X, Y) = (3, 21), (5, 51)$ 时, 导出了 (5.3) 的两个解 $(p, q, a, b) = (2, 5, 2, 1), (3, 7, 2, 1)$.

若 $(i, j) = (4, 2)$, 在 (5.3) 中取 $p^a = x, q^b = y$. 令

$$x = \frac{X+3}{6}, \quad y = Y + 2,$$

由此可得

$$Y^2 = 3X^4 + 6X^3 - 3X^2 - 6X - 63.$$

利用 Magma 程序包, 我们可求得上述椭圆曲线的整点:

$$(X, \pm Y) = (-3, 2; 3),$$

容易推出, 这个整点不产生 (5.3) 的任何解. 定理 5.3 得证.

定理 5.4 的证明 设 $k = 2$. 为方便计, 若 $(i, j) = (2, 3)$, 在 (5.3) 中取 $p^a = y, q^b = x$; 而若 $(i, j) = (3, 2)$, 则取 $p^a = x, q^b = y$. 令

$$x = \frac{X+12}{12}, \quad y = \frac{Y+36}{72},$$

其逆变换是

$$X = 12x - 12, \quad Y = 36(2y - 1).$$

由此, 我们分别可得

$$Y^2 = X^3 - 144X + 22032, \quad Y^2 = X^3 - 144X - 19440.$$

利用 Magma 程序包, 我们不难求得上述两条椭圆曲线的整点. 对于前一条椭圆曲线, 我们得到两个整点 $(36, 252)$ 和 $(24, 180)$, 由此可导出 (5.3) 的两个解 $(p, q, a, b) = (2, 2, 2, 2)$ 和 $(3, 3, 1, 1)$. 对于第二条椭圆曲线, 我们得不到任何整点, 因此无法导出 (5.3) 的解.

若 $(i, j) = (2, 4)$, 在 (5.3) 中取 $p^a = y, q^b = x$. 令

$$x = X, \quad y = \frac{Y+3}{6},$$

由此可得
$$Y^2 = 3X^4 - 18X^3 + 33X^2 - 18X + 153.$$

利用 Magma 程序包，我们可求得上述椭圆曲线的整点：
$$(X, \pm Y) = (-1, 4; 15).$$

我们发现，当 $(X, Y) = (4, 15)$ 时，导出了 (5.3) 的唯一解 $(p, q, a, b) = (3, 2, 1, 2)$. 若 $(i, j) = (4, 2)$，在 (5.3) 中取 $p^a = x, q^b = y$. 令
$$x = X, \quad y = \frac{Y+3}{6},$$

由此可得
$$Y^2 = 3X^4 - 18X^3 + 33X^2 - 18X - 135. \tag{5.4}$$

利用 Magma 程序包，我们可求得上述椭圆曲线的整点：
$$(X, \pm Y) = (-2, 5; 15),$$

我们发现，当 $(X, Y) = (5, 15)$ 时，导出了 (5.3) 的唯一解 $(p, q, a, b) = (5, 3, 1, 1)$. 定理 5.4 得证.

下图展示了椭圆曲线 (5.4) 的图像.

5.3　F 完美数问题

2000 年，纽约克雷数学研究所公布了 "千禧年问题"，共列出 7 个数学难题，并为每个问题的解决提供 100 万美元的悬赏. 目前只有庞加莱猜想被俄国数学家佩雷尔曼 (Grigori Perelman, 1966—) 证明，但他拒绝领取那笔巨额奖金. 也是在 2000 年，意大利数学家、伽利略奖和佩亚诺奖得主奥迪弗雷迪 (P. G. Odifreddi, 1950—) 出版了《20 世纪的数学》一书，阐述了 20 世纪取得重大突破的 30 个数学问题，随后他提出了未解决的 4 个难题，其中 3 个与 "千禧年问题" 重合，而 "完美数问题" 并不在 "千禧年问题" 中.

完美数 (perfect number) 是指这样的正整数，它自身以外的因数之和恰好等于其本身，即满足下列方程的正整数：
$$\sum_{\substack{d \mid n \\ d < n}} d = n. \tag{5.5}$$

5.3　F 完美数问题

人们相信, 公元前 6 世纪的古希腊数学家毕达哥拉斯已做过研究, 他知道 6 和 28 是完美数, 这是因为

$$6 = 1 + 2 + 3,$$

$$28 = 1 + 2 + 4 + 7 + 14.$$

毕达哥拉斯声称, "6 象征着完满的婚姻以及健康和美丽, 因为它的部分是完整的, 并且其和等于自身".

欧几里得活跃于公元前 3 世纪前后, 他在《几何原本》里给出了上述完美数的定义, 并指出了偶数是完美数的充分条件, 即: 若 p 和 $2^p - 1$ 均为素数, 则

$$2^{p-1}(2^p - 1) \tag{5.6}$$

是完美数.

这一充分条件及其证明出现在《几何原本》第 9 章命题 36, 而同一章的命题 20 证明了素数有无穷多个.

公元 1 世纪成书的《圣经·旧约》首卷《创世纪》里提及, 上帝用 6 天时间创造了世界 (第 7 天是休息日). 古罗马思想家圣奥古斯丁 (Saint Augustin, 354—430) 在《上帝之城》里这样写道: "6 这个数本身就是完美的, 并不因为上帝造物用了 6 天; 事实上, 因为这个数是一个完美数, 所以上帝在 6 天之内把一切事物都造好了."

第 3 个和第 4 个完美数是 496 和 8128, 大约在公元 100 年, 新毕达哥拉斯学派成员尼科马科斯 (Nicomachus, 约 60—约 120) 写下了《算术引论》, 书中提到了这两个完美数.

依照欧几里得的充分条件 (5.6), 当 p 取 2 和 3 时, 分别对应于 6 和 28 这两个完美数; 而当 p 取 5 和 7 时, 分别对应于 496 和 8128.

在《算术引论》中, 尼科马科斯还提出了有关完美数的 5 个猜想, 这也是关于完美数最早、最著名的猜想:

(1) 第 n 个完美数是 n 位数;

(2) 所有的完美数都是偶数;

(3) 完美数交替以 6 和 8 结尾;

(4)《几何原本》中完美数的充分性也是必要条件;

(5) 存在无穷多个完美数.

其中, (1) 和 (3) 后来被证明并不成立, (4) 被欧拉证实, (2) 和 (5) 是今天所指的完美数问题, 即完美数是否有无穷多个和是否存在奇完美数? 因此, 尼科马科斯的名字应当被我们记住, 他的猜想推动了完美数乃至数论学科的发展. 尼科马科斯出生于罗马帝国叙利亚行省杰拉什 (Gerasa), 现隶属于今天约旦王国境内.

第 5 个完美数姗姗来迟, 横跨了中世纪的黑暗时代. 直到 15 世纪, 确切地说是在 1456 年和 1461 年间, 才被一位无名氏发现, 它是 8 位数 33550336, 对应于 $p = 13$. 但这不能推翻尼科马科斯的猜想 (1), 因为有可能存在遗漏的完美数, 也即在第 4 个和第 5 个完美数之间有别的完美数.

1588 年, 意大利数学家卡塔迪 (P. A. Cataldi, 1555—1626) 找到了第 6 个完美数 8589869056 和第 7 个完美数 137438691328, 分别对应于 $p = 17$ 和 $p = 19$. 虽说第 5 个完美数和第 6 个完美数均以 6 结尾, 但由于当时人们尚未证明式 (5.5) 是偶完美数的必要条件, 无法排除它们之间不存在其他偶完美数, 因此还不能直接推翻尼科马科斯猜想 (3), 还要再等待 159 年.

就在卡塔迪发现第 6 个和第 7 个完美数的同一年, 法国天主教神父梅森 (Marin Mersenne, 1588—1648) 出生了. 梅森研究了形如 $M_n = 2^n - 1$ 的整数, 被后人称为梅森数. 当梅森数为素数时, 称为梅森素数. 显而易见, 有多少梅森素数就有多少偶完美数. 但在那个年代, 这个命题的反命题是否成立, 尚不得而知.

当人们发现, $M_2 = 3, M_3 = 7, M_5 = 31, M_7 = 127$ 是素数, 自然会联想并猜测所有的 M_p 都是素数. 可是, 下一个梅森数却不是素数. 事实上,

$$M_{11} = 2^{11} - 1 = 2047 = 23 \times 89.$$

正是这个发现, 让完美数问题悬念迭起.

1747 年, 客居柏林的瑞士数学家欧拉证实了尼科马科斯猜想 (4), 即凡是偶完美数必具有 (5.6) 的形式. 今天看来, 这个证明并不算难. 这一费时两千多年才最后证明的充要条件也被称作:

欧几里得-欧拉定理 偶数 n 是完美数当且仅当

$$n = 2^{p-1}(2^p - 1),$$

其中 p 和 $2^p - 1$ 均为素数.

这样一来, 偶完美数的存在性可归结为梅森素数的判定. 如今, 完美数或梅森素数早已成为计算机领域非常引人注目的问题. 完美数和梅森素数的无穷性堪称不朽的谜语, 可谓是数学史上最悠久也或许是最难解的问题.

至此, 相隔 1700 年以后, 尼科马科斯猜想 (1) 和猜想 (3) 被否定, 因为第 5 个完美数是 8 位数, 且第 5 个完美数和第 6 个完美数均以 6 结尾 (13 和 17 之间无其他素数). 从那以后, 就再也没有关于偶完美数个位数的任何猜测或想法了.

2017 年 9 月 30 日, 作者在新浪微博上发布了下列帖子:

5.3 F 完美数问题

一个小发现，雅典巴特农神庙是古典艺术的典范，其东西两侧的高和宽分别是 19 米和 31 米，两数之比约 0.613··· 接近于黄金分割比 0.618···. 近日偶然观察到，肇始于毕达哥拉斯学派的完美数，历经 2500 年找到 49 个，其中以 6 结尾的完美数 30 个，以 8 结尾的 19 个. 个人预测，第 50 个完美数会以 6 结尾. 进一步，假如偶完美数个数有无穷多个，那么以 8 结尾的与以 6 结尾的数目比值有可能趋向于黄金分割比.

此前几天，借着拙作书后所附的偶完美数表，数了数以 6 结尾的完美数个数和以 8 结尾的完美数，觉着眼熟，随后去查了雅典巴特农神庙的结构数据，才有上述堪称惊艳的发现和猜测. 事实上，不难证明，当素数 $p=2$ 或模 4 余 1 时，它对应的完美数以 6 结尾，而当 p 模 4 余 3 时，它对应的完美数以 8 结尾.

当时作者预感，第 50 个梅森素数和完美数会在 5 年内被发现. 没想到的是，仅仅 3 个月以后，它便被美国田纳西州一位叫 Jonathan Pac 的联邦快递员找到了. 新的梅森素数出自素数 $p = 77232917$，它对应的完美数果然是以 6 结尾的. 于是，大胆地提出了以下猜想：

猜想 5.6 存在无穷多个偶完美数，并且它们中以 8 结尾的个数与以 6 结尾的个数比值趋向黄金分割比.

2018 年 12 月 7 日，一个名叫 Patrick Laroche 的美国志愿者又找到第 51 个完美数，也以 6 结尾. 换句话说，它对应的梅森素数也是模 4 余 1. 至此，那些导出梅森素数的素数，$4m+3$ 型的与 $4m+1$ 型的个数之比仍是 19:31，非常接近黄金分割比.

虽说按照狄利克雷定理，等差级数中的素数分布是均匀的，但素变数的等差级数中的素数分布却不均匀. 事实上，从统计数据来看，$4p+1$ 型的素数只有 $4p+3$ 型的素数的二分之一 (p 取为素数). 换句话说，素变数的算术级数上素数较为密集之处，对应于梅森素数的素数反而稀少. 或许，需要对素变数的算术级数上的素数分布有个清晰而确凿的认识，我们才能洞察完美数个位数的秘密.

坦率地承认，我们认为完美数有无穷多个这一信念来自无理数中的黄金分割比. 有意思的是，完美数和黄金分割比的概念很可能都来自毕达哥拉斯学派，但他们却不知甚或未曾考虑过这两者之间可能存在着某种关联性.

最后，关于完美数和梅森素数，我们还有一个猜想：

猜想 5.7 设 p 和 $2p-1$ 均为素数，2^p-1 和 $2^{2p-1}-1$ 也为素数，则 p 必为 2, 3, 7, 31.

所谓索菲·热尔曼素数是指这样的素数 p, $2p+1$ 也是素数. 猜想 5.7 等于说，类似于索菲·热尔曼素数的素数 p 和 $2p-1$ 同时对应于梅森素数和完美数，这样

的素数 p 仅有 4 个.

由于完美数十分稀少, 历史上许多数论学家都试图找到完美数的推广, 他们通常考虑真因子之和是其倍数的情形, 也就是在 (5.5) 右边添加一个正整数的系数 k, 即

$$\sum_{d|n, d<n} d = kn,$$

满足上述条件的 n 称为 k 阶完美数. 当 $k = 1$ 时, 即为普通意义的完美数. 这些数学家包括斐波那契 (图 5.3)、梅森、笛卡儿和费尔马, 以及莱默、卡迈克尔等等 (参见 [Dickson 1]). 他们有的没找到, 有的找到若干个解, 不过都是些零散的结果, 无法归结为类似梅森素数那样的无穷性.

图 5.3　斐波那契像

第一个找到 k 阶完美数 ($k > 1$) 的是英国数学家莱科尔德 (Robert Recorde, 1512—1558), 他发现 120 是 2 阶完美数, 这一发现是在 1557 年, 也即他发明等号 "=" 的同一年. 接着是费尔马, 他发现 672 也是 2 阶完美数, 那是在 1637 年, 即他提出费尔马大定理的同一年. 1644 年, 费尔马又找到一个 11 位的 2 阶完美数. 在此之前, 梅森和笛卡儿也分别找到一个 9 位数和 10 位数的 2 阶完美数. 这三位法国人都还找到过其他的 k 阶完美数.

2012 年春天, 作者提出了平方完美数的概念, 即满足下列方程的正整数解:

$$\sum_{d|n, d<n} d^2 = 3n, \tag{5.7}$$

意外地呈现出奇妙的结果. 经过研究, 我们 (蔡天新、陈德溢、张勇, 参见 [Cai 2] 或 [Cai-Chen-Zhang 1]) 得到了:

5.3 F 完美数问题

定理 5.5 (5.7) 的所有解为 $n = F_{2k-1}F_{2k+1}(k \geqslant 1)$，其中 F_{2k-1} 和 F_{2k+1} 是斐波那契孪生素数.

我们不妨称原来的完美数为 M 完美数，因为它与梅森素数相关，而称满足 (5.7) 的完美数为 F 完美数，因为它与斐波那契素数相关. 值得一提的是，日本数学家松本耕二 (Kohji Matsumoto) 在 2013 年福冈中日数论会议上建议分别称之为阴、阳完美数，因为阴 (female) 和阳 (male) 的首字母分别是 F 和 M.

到目前为止，人们找到的最大的斐波那契素数是 F_{81839}，而最大可能的斐波那契素数为 $F_{1968721}$(共 411439 位)，从中我们发现有 5 对斐波那契孪生素数，即 5 个 F 完美数 $n = F_3F_5, F_5F_7, F_{11}F_{13}, F_{431}F_{433}, F_{569}F_{571}$. 它们分别是 (显而易见，$F$ 的每对下标也必须是孪生素数)

10,

65,

20737,

7351080381692266976103362664212353326194801197040523391981458571191744451905761226196352880174452309310726951630574410613670787152571129651838562850908842944593077208731964742082 57,

352322095739044495959527906204048024588425379154001849656958975961268497422463902764028784321361544632868790437218975172518365904797160002711185572855328278293823839001006460421797875599355160431805791826918292845676161140366857711673 7601,

其中，10 是唯一的偶 F 完美数，这一点显而易见，因为只有一个偶素数 2. 下一个可能的 F 完美数至少有 822878 位，可是，我们既不知道是否还有第 6 个 F 完美数，也无法否定不存在无穷多个完美数.

下面我们研究更一般的情形，对于任意正整数 a 和 b，考虑方程

$$\sum_{d|n, d<n} d^a = bn, \tag{5.8}$$

我们得到了以下定理.

定理 5.6 若 $a = 2, b \neq 3$，或 $a \geqslant 3, b \geqslant 1$，则 (5.8) 至多有有限多个解. 特别地，$a = 2, b = 1$ 或 2，则 (5.8) 无解.

换句话说, 除了 M 完美数和 F 完美数, 再也没有其他引人入胜的完美数了.
为证明定理 5.5 和定理 5.6, 我们引入并证明了若干引理.
2014 年春天, 作者提出了平方和完美数更一般的形式, 即

$$\sum_{d|n,d<n} d^2 = L_{2s}n - F_{2s}^2 + 1,$$

这里 s 为任意正整数, F_{2s} 和 L_{2s} 为斐波那契序列和卢卡斯数. (参见 [Cai-Wang-Zhang 1]) 证明了, 除去有限多个可计算的解以外, 上述方程的所有解为

$$n = F_{2k+1}F_{2k+2s+1} \quad \text{或} \quad F_{2k+1}F_{2k-2s-1},$$

这里 k 为任意正整数, F_{2k+1} 和 $F_{2k+2s+1}$ (或 $F_{2k-2s-1}$) 为斐波那契素数.

特别地, 若 $s=1$, 此即 (5.5) 和定理 5.5.

此外, 我们还得到了, 对任给正整数 k, 方程

$$\sum_{d|n,d<n} d^2 = 2n + 4k^2 + 1$$

有无穷多个解, 当且仅当德波罗尼亚克猜想成立. 特别地, 当 $k=1$ 时, 方程

$$\sum_{d|n,d<n} d^2 = 2n + 5$$

有无穷多个解, 当且仅当孪生素数猜想成立.

我们还发现, 对任意正整数 k, 方程

$$\sum_{\substack{d|n \\ d<n}} 2kd^2 - (2k-1)d = (4k^2+1)n + 2$$

有无穷多个解, 当且仅当存在无穷多个 p, 使得 $2kp+1$ 也为素数. 特别地, 若 $k=1$, 此即索菲·热尔曼素数猜想. 而若存在无穷多个素数 p, 使得 $2kp-1$ 为素数, 则当且仅当方程

$$\sum_{\substack{d|n \\ d<n}} 2kd^2 + (2k-1)d = (4k^2+1)n + 4k$$

有无穷多个解.

物理学家爱因斯坦 (Albert Einstein, 1879—1955) 曾在自传笔记里写道: "正确的定律不可能是线性的, 它们也不可能由线性导出."

5.3 F 完美数问题

此外, 我们还证明了 (参见文献 [Cai-Chen-Zhang 1]):

定理 5.7 设 $n = pq, p$ 和 q 是不同的素数, 若 $n|\sigma_3(n) = \sum_{d|n, d<n} d^3$, 则 $n = 6$; 设 $n = 2^\alpha p(\alpha \geqslant 1), p$ 是奇素数, 若 $n|\sigma_3(n)$, 则 n 是偶完美数, 反之亦然 (除去 28).

同时, 我们提出了:

猜想 5.8 $n = p^\alpha q^\beta (\alpha \geqslant 1, \beta \geqslant 1), p$ 和 q 是不同的素数, 则 $n|\sigma_3(n)$ 成立当且仅当 n 是 28 以外的偶完美数.

2018 年, 姜兴旺 (参见 [Jiang 1]) 证明了: 当 $p = 2, q$ 是奇素数时, 猜想 5.8 成立. 即:

定理 5.8 设 $n = 2^\alpha q^\beta (\alpha \geqslant 1, \beta \geqslant 1), q$ 是奇素数, 则 $n|\sigma_3(n)$ 成立当且仅当 n 是 28 以外的偶完美数.

2019 年, 钟豪和蔡天新 (参见 [Zhong 1] 或 [Zhong-Cai 1]) 证明了: 当 $\alpha = 1, q = 3$, 或 $q \equiv 2 \pmod 3$ 时, 猜想 5.8 成立, 即

定理 5.9 设 $n = pq^\alpha(\alpha \geqslant 1), p$ 和 q 是不同的奇素数, $\alpha = 1, q = 3$ 或 $q \equiv 2 \pmod 3$, 则 $n|\sigma_3(n)$ 成立当且仅当 n 是 28 以外的偶完美数.

2020 年, 伊利诺伊大学的 Hung Viet Chu 9 考虑了 $k = 5$ 的情形, 他证明了 (参见 [Chu 1]):

定理 5.10 设 $n = 2^\alpha q^\beta(\alpha \geqslant 1, \beta \geqslant 1)$, 则 $n|\sigma_5(n)$ 成立当且仅当 n 是 496 以外的偶完美数.

2021 年, Hung Viet Chu 又证明了 (参见 [Chu 2]):

定理 5.11 设 n 是偶完美数, 则 $n|\sigma_k(n)$ 对所有的奇数 k 成立当且仅当 $n = 6$.

定理 5.11 是上述四个定理中最容易证明的.

定理 5.11 的证明 先证充分性: 设 k 为奇数, $j \geqslant 0$, 则有 $\sigma_k(6) = 1^k + 2^k + 3^k + 6^k$. 注意到

$$3^k - 3 = 3(3^{k-1} - 1) \equiv 0 \pmod 6; \quad 2^k - 2 = 2(4^{(k-1)/2} - 1) \equiv 0 \pmod 6,$$

故而 $3^k \equiv 3 \pmod 6; 2^k \equiv 2 \pmod 6$, 因此 $6|\sigma_k(6)$.

再证必要性: 设 $n = 2^{p-1}(2^p - 1), p > 2$ 是素数 (即 $n > 6$), 我们要证明 $n \nmid \sigma_k(n)$. 由 $\sigma_p(n)$ 函数的可乘性可得

$$\sigma_p(n) = \sigma_p(2^{p-1}(2^p - 1)) = (1 + 2^p + \cdots + 2^{p(p-1)})(1 + (2^p - 1)^p).$$

反设 $n|\sigma_p(n)$, 注意到 $(2^{p-1}, 1 + (2^p - 1)^p) - 1$, 我们有

$$(2^p - 1)|(1 + 2^p + \cdots + 2^{p(p-1)}) = \sum_{i=0}^{p-1} 2^{pi}.$$

右边的求和中每项均模 $2^p - 1$ 余数为 1, 故求和模 $2^p - 1$ 余数为 p, 与上述可除性结论矛盾. 定理 5.11 得证.

2022 年, 汪小俞证明了 (参见 [Wang 2]): 若 n 是偶完美数, 则对任意偶数 $k, n \nmid \sigma_k(n)$.

事实上, 若 $p = 2$, 则 $n = 6$, 我们有

$$\sigma_k(6) = 1^k + 2^k + 3^k + 6^k \equiv \begin{cases} 1 \pmod{3}, & k = 0, \\ 2 \pmod{3}, & k > 1. \end{cases}$$

也就是说, $6 \nmid \sigma_k(6)$. 而若 $p > 2$, 则

$$\sigma_k(n) = \sigma_k(2^{p-1}(2^p - 1)) = (1^k + 2^k + \cdots + 2^{k(p-1)})(1 + (2^p - 1)^k).$$

假设 $n | \sigma_k(n)$, 即

$$2^{p-1}(2^p - 1) | (1^k + 2^k + \cdots + 2^{k(p-1)})(1 + (2^p - 1)^k),$$

注意到 $(2^{p-1}, 1^k + 2^k + \cdots + 2^{k(p-1)}) = 1$, 故而 $2^{p-1} | (1 + (2^p - 1)^k)$. 可是

$$1 + (2^p - 1)^k = 2 + \sum_{i=1}^{k} \binom{k}{i} (-1)^{k-i} 2^{p-i} \equiv 2 \pmod{2^{p-1}},$$

从而矛盾!

5.4　S 完美数

2020 年秋天, 美国留学生 Tyler Ross 定义了 S 完美数, 并做了一番研究.

定义 5.1　假设 $S \subset Z$ 是整数集合, $n \in Z(|n| > 1)$. 若存在 $\lambda_1, \cdots, \lambda_k \in S$ 使得

$$1 + \sum_{j=1}^{k} \lambda_j d_j = n,$$

其中 $1 = d_0 < d_1 < \cdots < d_k < d_{k|1} = |n|$ 是 n 的真因子序列, 我们称 n 为第一类 S 完美数; 如果存在 $\lambda_0, \cdots, \lambda_k \in S$, 使得

$$\lambda_0 + \sum_{j=1}^{k} \lambda_j d_j = n,$$

5.4 S 完美数

我们称 n 为第二类 S 完美数.

例 5.1 第一类 $\{1\}$ 完美数即完美数. 第二类 $\{0,1\}$ 完美数是所谓的半完美数, 即部分真因子之和等于自身的数. 例如, $12(=2+4+6=1+2+3+6)$ (图 5.4).

例 5.2 若 $S=\{-1,1\}$, 前 15 项 S 完美数是

$$6,12,24,28,30,40,42,48,54,56,60,66,70,78,80,\cdots.$$

最小的奇 $\{-1,1\}$ 完美数是 945, 这也是最小的奇盈数 (真因子之和大于其自身的数).

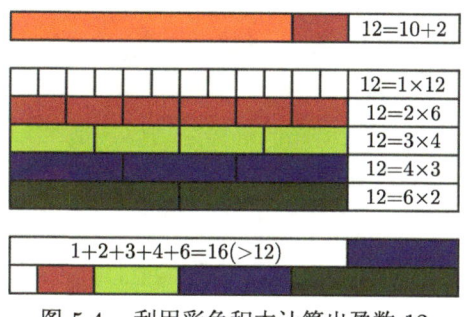

图 5.4 利用彩色积木计算出盈数 12

定义 5.2 如果 n 是 S 完美数, 我们将 $n=1+\sum_{j=1}^{k}\lambda_j d_j \left(\text{或 } n=\lambda_0+\sum_{j=1}^{k}\lambda_j d_j\right)$ 这个求和称为 n 的 S 表示 (当 S 固定时简称为 n 的表示).

以下结果表明, 对于大多数整数 $|n|>1$, 很容易找到 $S\subset \mathbb{Z}$, 使得 n 是 S 完美数. 因此, 我们的讨论主要集中在确定给定的 S 完美数和相关属性上.

定理 5.12 若 $n\in \mathbb{Z}$ ($|n|>1$) 至少有两个不同素因子, 则存在有限整数集 $S\subset \mathbb{Z}$, 其元素个数 $\#S \leqslant \tau(n)-2$, 使得 n 是 S 完美数. 若对于素数 $p, n=p^k(k\geqslant 1)$, 则对任何 $S\subset \mathbb{Z}$ 都不是 S 完美数.

证明 若 n 至少有两个不同素因子, n 有真因子

$$1=d_0<d_1<\cdots<d_k<d_{k+1}=|n|,$$

则 $\gcd(d_1,\cdots,d_k)=1$. 由此可见, 线性丢番图方程

$$\sum_{j=1}^{k}d_j x_j=n-1$$

有解. 第二部分结论显而易见. 定理 5.12 得证.

设 $P(S)$ 表示 S 完美数的全体集合, 若 $(S_a)_{a \in A}$ 是整数的子集族, 则有

$$\bigcup_{a \in A} P(S_a) \subset P\left(\bigcup_{a \in A} S_a\right), \quad P\left(\bigcap_{a \in A} S_a\right) \subset \bigcap_{a \in A} P(S_a).$$

下面我们研究一些特别的情况:

$$S - \{0, m\}(m \geqslant 1), \quad S - \{-1, m\}(m \geqslant 1), \quad S - \{-1, 1\}.$$

最简单的是 $S - \{0, m\}$(半完美数的推广), 由下列引理容易证明, 对任何 $m \geqslant 1$ 存在无穷多个 $\{0, m\}$ 完美数.

引理 5.3 若 $n \in P(0, m)(m \geqslant 1)$, 则 $(m+1)n \in P(0, m)$.

证明 设 $n = \Sigma$ 是 n 的 $\{0, m\}$ 表示, 则 $(m+1)n = \Sigma + mn$ 是 $(m+1)n$ 的 $\{0, m\}$ 表示. 引理 5.3 得证.

由引理 5.3 可知, 找到一个 $n \in P(0, m)$, 足以生成无穷多个.

定理 5.13 任给 $m \geqslant 1$, 存在无穷多个 $\{0, m\}$ 完美数.

证明 考虑到

$$(m+1)(m^2 + m + 1) = 1 + m(m+1) + m(m^2 + m + 1)$$

是 $\{0, m\}$ 完美数. 由引理 5.3, 定理 5.13 得证.

更有趣的是 $\{-1, m\}$ 完美数. 考虑 $n = 2^k p$ 型的 $\{-1, m\}$ 完美数, 其中 p 是奇素数, $k \geqslant 1$. 令 $\mathrm{ord}_2(n)$ 表示最大的 k, 满足 $2^k | n$.

引理 5.4 设 $0 \leqslant s \leqslant t, m \geqslant 1$, 则 $n = \sum_{j=s}^{t} \lambda_j \cdot 2^j (\lambda_s, \cdots, \lambda_t \in \{-1, m\})$ 是下列范围内

$$-\sum_{j=s}^{t} 2^j = -2^s(2^{t-s+1} - 1) \leqslant n \leqslant 2^s m(2^{t-s+1} - 1) = \sum_{j=s}^{t} 2^{jm}$$

的整数, 满足

$$n \equiv -2^s(2^{t-s+1} - 1) \pmod{2^s(m+1)}.$$

证明 任给 $\lambda_s, \cdots, \lambda_t \in \{-1, m\}$, 易知

$$\sum_{j=s}^{t} \lambda_j \cdot 2^j \equiv -\sum_{j=s}^{t} 2^j \pmod{2^s(m+1)},$$

右式求和即得引理 5.4.

5.4 S 完美数

引理 5.5 设 $m \geqslant 1, \beta = \mathrm{ord}_2(m+1)$. 若对于 $0 \leqslant s \leqslant t, \lambda_s, \cdots, \lambda_t \in \{-1, m\}$ 完美数,其中 $t \geqslant s + \beta - 1, n = \sum_{j=s}^{t} \lambda_j \cdot 2^j$,则当 $2^\alpha \equiv 1 (\mathrm{mod}(m+1)/2^\beta)$ 时,存在 $\Lambda_s, \cdots, \Lambda_{t+\alpha} \in \{-1, m\}$,使得 $n = \sum_{j=s}^{t+\alpha} \Lambda_j \cdot 2^j$.

证明 若 $2^\alpha \equiv 1(\mathrm{mod}(m+1)/2^\beta)$,则 $2^{t+\alpha+1} \equiv 2^{t+1}(\mathrm{mod}\ 2^{t+1-\beta}(m+1))$. 进一步,若 $t+1-\beta \geqslant s$,则 $2^{t+\alpha+1} \equiv 2^{t+1}(\mathrm{mod}\ 2^s(m+1))$, 故而

$$-2^s(2^{t-s+1} - 1) \equiv -2^s(2^{t+\alpha-s+1} - 1)(\mathrm{mod}\ 2^s(m+1)),$$

即满足引理 5.4 的条件,引理 5.5 得证.

定理 5.14 设 $m \geqslant 1, \beta = \mathrm{ord}_2(m+1)$. 若对奇素数 p 和 $k \geqslant 1, 2^k p$ 和 $2^{k+\alpha} p$ 均为 $\{-1, m\}$ 完美数,则 $2^\alpha \equiv 1(\mathrm{mod}(m+1)/2^\beta)$. 反之,若对奇素数 p 和 $k \geqslant \beta, 2^k p \in P(-1, m)$,则当 $2^\alpha \equiv 1(\mathrm{mod}(m+1)/2^\beta)$ 时,$2^{k+\alpha} p \in P(-1, m)$.

证明 首先,假设 $2^k p$ 和 $2^{k+\alpha} p \in P(-1, m)$ 可表示为

$$2^k p = 1 + \sum_{j=1}^{k} \lambda_j^{(1)} \cdot 2^j + \sum_{j=0}^{k-1} \lambda_j^{(2)} \cdot 2^j p, \tag{5.9}$$

$$2^{k+\alpha} p = 1 + \sum_{j=1}^{k+\alpha} \Lambda_j^{(1)} \cdot 2^j + \sum_{j=0}^{k+\alpha-1} \Lambda_j^{(2)} \cdot 2^j p. \tag{5.10}$$

因 $\lambda_j^{(i)}, \Lambda_j^{(i)} \equiv -1(\mathrm{mod}\, m+1)$,故由 (5.9) 可得

$$2^k p \equiv 1 - \sum_{j=1}^{k} 2^j - \sum_{j=0}^{k-1} 2^j p(\mathrm{mod}\ m+1),$$

即

$$(2^{k+1} - 1)(p+1) \equiv 2(\mathrm{mod}\ m+1),$$

由此易知,$p+1$ 必为模 $(m+1)/2^\beta$ 的单位元.

从 (5.10) 减去 (5.9),并再次对 $m+1$ 取模,得到

$$2^k p(2^\alpha - 1) \equiv -\sum_{j=k+1}^{k+\alpha} 2^j - \sum_{j=k}^{k+\alpha-1} 2^j p(\mathrm{mod}\ m+1),$$

即
$$2^{k+1}(p+1)(2^\alpha - 1) \equiv 0 \pmod{m+1},$$

因此, $2^{k+1}(p+1)(2^\alpha - 1) \equiv 0 \pmod{(m+1)/2^\beta}$. 由于 2^{k+1} 和 $p+1$ 均为模 $(m+1)/2^\beta$ 的单位元, 故而 $2^\alpha - 1 \equiv 0 \pmod{(m+1)/2^\beta}$.

反过来, 假如 $k \geqslant \beta$, 对奇素数 $p, 2^k p \in P(-1, m)$ 有表示 (5.9). 设 $2^\alpha \equiv 1 \pmod{(m+1)/2^\beta}$, 则

$$2^{k+\alpha} p = 1 + \sum_{j=1}^{k} \lambda_j^{(1)} \cdot 2^j + \sum_{j=0}^{k-1} \lambda_j^{(2)} \cdot 2^j p + \sum_{j=k}^{k+\alpha-1} 2^j p. \tag{5.11}$$

由于 $k \geqslant \beta$, 利用引理 5.5, 可求得 $\Lambda_1^{(1)}, \cdots, \Lambda_{k+\alpha}^{(1)}$ 满足

$$\sum_{j=1}^{k+\alpha} \Lambda_j^{(1)} \cdot 2^j = \sum_{j=1}^{k} \lambda_j^{(1)} \cdot 2^j.$$

对于 (5.11) 中的另外一个和, 设 $A = \sum_{j=0}^{k-1} \lambda_j^{(2)} \cdot 2^j + \sum_{j=k}^{k+\alpha-1} 2^j$, 取模 $m+1$,

$$A \equiv 2^{k+\alpha} - 2^{k+1} + 1 \equiv -(2^{k+\alpha} - 1) \pmod{m+1},$$

此处假设 $2^\alpha \equiv 1 \pmod{(m+1)/2^\beta}$ 和 $k \geqslant \beta$, 用以代替 $2^{k+\alpha} \equiv 2^k \pmod{m+1}$. A 满足引理 5.4 的条件 (其中 $s = 0, t = k + \alpha - 1$), 即能找到 $\Lambda_0^{(2)}, \cdots, \Lambda_{k+\alpha-1}^{(2)}$ 使得 $A = \sum_{j=0}^{k+\alpha-1} \Lambda_j^{(2)}$. 故而, 我们得到一个表示

$$2^{k+\alpha} p = 1 + \sum_{j=1}^{k+\alpha} \Lambda_j^{(1)} \cdot 2^j + \sum_{j=0}^{k+\alpha-1} \Lambda_j^{(2)} \cdot 2^j p.$$

定理 5.14 得证.

找到一个 $2^k p \in P(-1, m)$(p 是奇素数, $k \geqslant \beta$), 足以生成无穷多个, 以下定理给出了一种构造法.

定理 5.15 设 $m \geqslant 1, \beta = \mathrm{ord}_2(m+1)$. 取 $\alpha > \beta$ 使得 $2^\alpha \equiv 1 \pmod{(m+1)/2^\beta}$.

若 $P \equiv 2(2^{\alpha+1} - 1) - 1 \pmod{2(m+1)}$ 是素数, 则对某个 $k \geqslant \alpha, 2^k p \in P(-1, m)$.

证明 设 $N = 2^{\alpha+1} - 1$，注意到 $\alpha > \beta$ 意味着 $N^2 \equiv 1 (\bmod\ 2(m+1))$. 若 $p \equiv 2(2^{\alpha+1} - 1) - 1 (\bmod\ 2(m+1))$，则

$$Np \equiv 2N^2 - N = 2 - N = 3 - 2^{\alpha+1} (\bmod\ 2(m+1)).$$

也就是说，$Np - 1 \equiv -2(2^{\alpha-1})(\bmod\ 2(m+1))$. 取 $k \geqslant \alpha$ 使得 $2^k \equiv 2^\alpha (\bmod\ 2(m+1))$ 和 $Np - 1 \leqslant 2m(2^k - 1)$. 由引理 5.4，存在 $\lambda_1^{(1)}, \cdots, \lambda_k^{(1)} \in \{-1, m\}$，使得

$$Np = 1 + \sum_{j=1}^{k} \lambda_j^{(1)} \cdot 2^j.$$

进一步，$2^k N = (2^k 1)(\bmod\ 2(m|1))$，故存在 $\lambda_1^{(2)}, \cdots, \lambda_{k-1}^{(2)} \in \{-1, m\}$，

$$2^k - N = \sum_{j=0}^{k-1} \lambda_j^{(2)} \cdot 2^j.$$

我们得到下列表示

$$1 + \sum_{j=1}^{k} \lambda_j^{(1)}, 2^j + \sum_{j=0}^{k-1} \lambda_j^{(2)} \cdot 2^j p = Np + (2^k - N)p = 2^k p.$$

定理 5.15 得证.

推论 5.1 对任何正整数 m，存在无穷多个 $\{-1, m\}$ 完美数.

证明 对于定理 5.11 中的 α 和 β，$2(2^{\alpha+1} - 1) - 1 \equiv 1(\bmod\ (m+1)/2^\beta)$，因 $2(2^{\alpha+1} - 1) - 1$ 是奇数，故而 $\gcd(2(2^{\alpha+1} - 1) - 1, 2(m+1)) = 1$. 由算术级数上的狄利克雷定理，存在整数 p，满足 $p \equiv 2(2^{\alpha+1} - 1) - 1 (\bmod\ 2(m+1))$. 推论 5.1 得证.

例 5.3 利用定理 5.10 和定理 5.11 的构造法来展示. 首先，$m = 23, m + 1 = 24, 2(m+1) = 48, \beta = 3, (m+1)/2^\beta = 3$. $\alpha = 4$ 是最小的 $\alpha \geqslant \beta$ 满足 $2^\alpha \equiv 1(\bmod\ (m+1)/2^\beta)$. 设 $N = 2^{\alpha+1} - 1 = 31, 2N - 1 \equiv 13(\bmod\ 2(m+1))$，可取 $p = 13$. 由于 $690 = 2m(2^4 - 1) > Np - 1 = 402$，依据定理 5.11，$208 = 2^4, 13 \in P(-1, 23)$. 事实上，当 $Np = 403$ 和 $2^4 - N = -15$ 时，由引理 5.4，我们有

$$403 = 1 + 23 \cdot 2 - 2^2 - 2^3 + 23 \cdot 2^4, \quad -15 = -1 - 2 - 2^2 - 2^3.$$

这样，我们获得一个表示

$$208 = 1 + 23(2) - 2^2 - 2^3 + 23(2^4) - 13 - 2 \cdot 13 - 2^2 \cdot 13 - 2^3 \cdot 13.$$

接着, 由于 $2^2 \equiv 1(\mod (m+1)/2^\beta)$, 定理 5.10 断言 $403 = 2^4 \cdot 13, 832 = 2^6 \cdot 13, 3328 = 2^8 \cdot 13, 13312 = 2^{10} \cdot 13, \cdots \in P(-1,23)$ (实际上, 这可由定理 5.15 得到, 而定理 5.14 仅当序列中的第一个数不由定理 5.15 获得时才需要). 我们现在验证 $2^6 \cdot 13 \in P(-1,23)$. 检查 $208 = 2^4 \cdot 13$ 的表示, $1+23(2)-2^2-2^3+23(2^4) = 403$ 和 $-1-2-2^2-2^3+2^4+2^5 = 33$. 根据定理 5.14 的证明, 可知

$$403 = 1 + 23 \cdot 2 + 23 \cdot 2^2 - 2^3 + 23 \cdot 2^4 - 2^5 - 2^6,$$

$$33 = -1 - 2 + 23 \cdot 2^2 - 2^3 - 2^4 - 2^5.$$

由此, 得到一个表示

$$832 = 1 + 23(2) + 23(2^2) - 2^3 + 23(2^4) - 2^5 - 2^6 - 13 - 2 \cdot 13$$
$$+ 23(2^2 \cdot 13) - 2^3 \cdot 13 - 2^4 \cdot 13 - 2^5 \cdot 13.$$

最后, 我们考虑 $m = 1$ 的情形, 对于 $\{-1,1\}$ 完美数, 得到一些更强的结果. 因为表示形式上与完美数的相似, 所以 $\{-1,1\}$ 完美数还具有一定的审美功效和吸引力.

我们先稍微细化一下引理 5.4 的特殊情形.

引理 5.6 任给整数 n, 存在 $k \geqslant 1$ 和 $\lambda_1, \cdots, \lambda_k \in \{-1,1\}$, 使得 $n = 1 + \sum\limits_{j=1}^{k} \lambda_j \cdot 2^j$ 当且仅当 $n \equiv 3 (\mod 4)$.

证明 取 $k \geqslant 1$ 使得 $-2(2^k - 1) \leqslant n - 1 \leqslant 2(2^k - 1)$. 令 $m = 1, s = 1, t = k$, 由引理 5.4 可证得引理 5.6.

引理 5.7 任给整数 n, p 是素数, p 不整除 n. 若 $n \in P(-1,1)$, 则对每个 $k \geqslant 1, np^k \in P(-1,1)$; 若 $np \in P(-1,1)$, 则对每个 $k \geqslant 1, np^{2k-1} \in P(-1,1)$.

证明 考虑前半部分, 设 $n = \Sigma_1$ 和 $np^k = \Sigma_2 (k \geqslant 0)$ 分别是 n 和 np^k 的表示, 则 $np^{k+1} = \Sigma_1 - np^k + p^{k+1}\Sigma_1$ 是 np^{k+1} 的表示. 类似地, 若 $np = \Sigma_1$ 和 $np^k = \Sigma_2 (k \geqslant 1)$ 分别是 np 和 np^k 的表示, 则 $np^{k+2} = \Sigma_2 - np^k + p^{k+1}\Sigma_1$ 是 np^{k+2} 的表示. 引理 5.7 得证.

引理 5.8 若 $n \in P(-1,1)$, 则 $2n \in P(-1,1)$.

证明 若 n 是奇数, 结论可由引理 5.7 得到. 若 n 是偶数, $n = 1 + \sum\limits_{j=1}^{k} \lambda_j d_j$ 为 n 的表示, 则 $2n = 1 + \sum\limits_{j=1}^{k} \lambda_j d_j + n$. 从上述和式中减去的形如 $2d_j$ 的 $2n$ 的真

5.4 S 完美数

因子, 这里 d_j 整除 $n, 1 < d_j < n$ (n 是偶数). 用 $-\lambda_j d_j + \lambda_j(2d_j)$ 替换和式中所有此类 $\lambda_j d_j$, 即获得 $2n$ 的一个表示. 引理 5.8 得证.

定理 5.16 如果 $d \geqslant 1$ 是奇数, 且不是平方数, 则除了有限多个正整数 k 之外, 其余的 $2^k d \in P(-1, 1)$. 反之, 若 $k \geqslant 0, d \geqslant 1, 2^k d \in P(-1, 1)$, 则 d 不是平方数.

证明 由引理 5.7 和引理 5.8, 只需证明对任意奇素数 p, 存在 $k \geqslant 1$ 使得 $2^k p \in P(-1, 1)$. 利用引理 5.6, 取 $k \geqslant 1$ 和 $\lambda_1, \cdots, \lambda_k$ 使得

$$1 + \sum_{j=1}^{k} \lambda_j 2^j = \begin{cases} p, & \text{若 } p \equiv 3 \pmod{4}, \\ 3p, & \text{若 } p \equiv 1 \pmod{4}. \end{cases}$$

故而

$$2^k p = 1 + \sum_{j=1}^{k} \lambda_j 2^j + (-1)^{(p+1)/2} p + \sum_{j=1}^{k-1} 2^j p$$

是一个表示.

反之, 假如 $n \in P(-1, 1)$ 有表示 $n = 1 + \sum_{j=1}^{k} \lambda_j d_j$, 则

$$\sigma(n) = \sum_{j=1}^{k}(1 - \lambda_j)d_j + 2n$$

是偶数 (因为每个 $1 - \lambda_j = 0$ 或 2). 另一方面, $\sigma(n)$ 是偶数当且仅当 n 不是平方数或者平方数的两倍. 定理 5.16 得证.

关于 $\{-1, 1\}$ 完美数, 我们还有进一步的问题和猜想. 然而每个 $\{-1, 1\}$ 完美数即盈数. 可是, 并非每一个盈数都是 $\{-1, 1\}$ 完美数. 前几个不是 $\{-1, 1\}$ 完美数的盈数是 $18, 20, 36, 72, \cdots$. 我们猜想, 几乎所有的盈数均为 $\{-1, 1\}$ 完美数.

猜想 5.9 正 $\{-1, 1\}$ 完美数有自然密度, 且等于盈数加完美数的密度 A. 1998 年, Mark Deléglise 证明了 (参见 [Deléglise 1]) $0.2474 < A < 0.2480$.

众所周知, 最小的奇盈数为 945, 这也是 $\{-1, 1\}$ 完美数, 就像我们能够通过计算机搜索检查的所有其他奇盈数一样. 另一方面, 并非每个奇盈数都是 $\{-1, 1\}$ 完美数. 比如说, 当 n 是奇盈数时, n^2 也是奇盈数, 而定理 5.12 表明, n^2 不可能是 $\{-1, 1\}$ 完美数. 我们提出了下列猜想.

猜想 5.10 每个非平方奇盈数都是 $\{-1, 1\}$ 完美数.

参 考 文 献

[Helfgott 1] Helfgott H A. The ternary Goldbach conjecture is true. arxiv: 1312.7748, 2013.

[Helfgott 2] Helfgott H A. The ternary Goldbach problem. arXiv:1404.2224, 2014.

[Cai 1] Cai T X. A Modern Introduction to Classical Number Theory. Singapore: World Scientific, 2021.

[Ribenboim 1] Ribenboim P. The New Book of Prime Number Records. New York: Springer, 1995.

[Mordell 2] Mordell L J. On the rational solutions of the indeterminate equations of the third and fourth degrees. Proc. Cambridge Philo. Soc., 1922, 21: 179-192.

[Pillai 1] Pillai S S. On the inequality "$0 < a^x - b^y \leqslant n$". J. Indian Math. Soc., 1931, 19: 1-11.

[Dickson 1] Dickson L E. History of the Theory of Numbers(Volume I-III). London: Singapore, 2002.

[Cai 2] Cai T X. Perfect Numbers And Fibonacci Sequences. Singapore: World Scientific Press, 2022.

[Cai-Chen-Zhang 1] Cai T X, Chen D Y, Zhang Y. Perfect numbers and Fibonacci primes I. International J. of Number Theory, 2015, 11: 159-169.

[Cai-Wang-Zhang 1] Cai T X, Wang L Q, Zhang Y. Perfect numbers and Fibonacci primes II. Integers, 2019, 19(A21): 1-10.

[Jiang 1] Jiang X W. On the even perfect numbers. Colloq. Math., 2018, 154: 131-136.

[Zhong 1] Zhong H. 数论中的若干问题. 杭州: 浙江大学, 2019.

[Zhong-Cai 1] Zhong H, Cai T X. Perfect numbers and Fibonacci primes (III). arXiv:1709.06337, 2017.

[Chu 1] Chu H V. On even perfect numbers(II). arXiv: 2001.08633v1.

[Chu 2] Chu H V. What's special about the perfect number 6? Amer. Math. Monthly, 2021, 128(1): 87.

[Wang 2] Wang X Y. Some new properties of Narayana sequences. 杭州: 浙江大学, 2022.

[Deléglise 1] Deléglise M. Bounds for the Density of Abundant Numbers. Experimental Mathematics, 1998, 7: 137-143.

第 6 章 abcd 方程与新同余数

> 这份等待于是慢慢在时间的缝隙里寂静成诗.
> ——《质数的孤独》

6.1 abcd 方程

2013 年初, 在定义 F 完美数近一年以后, 作者 (参见 [Cai 1]) 又提出了下列 abcd 方程. 没想到的是, 它会与斐波那契序列再次产生紧密联系. 这项研究的方法很丰富, 且最后解决的难度无法估量. 无论对其有解性的判断, 还是有解时解的个数、结构和无穷性, 都是非常值得探讨的问题 (图 6.1).

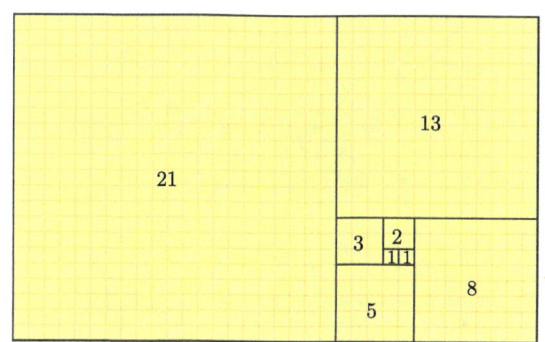

图 6.1 边长为斐波那契数的正方形折叠

定义 6.1 设 n 是正整数, a, b, c, d 是正有理数, 所谓 abcd 方程是指
$$n = (a+b)(c+d), \tag{6.1}$$
其中
$$abcd = 1.$$

由算术–几何不等式, $(a+b)(c+d) \geqslant 2\sqrt{ab} \times 2\sqrt{cd} = 4$, 故当 $n = 1, 2$ 或 3 时, (6.1) 无解. 另一方面, $4 = (1+1)(1+1), 5 = (1+1)\left(2+\dfrac{1}{2}\right)$.

容易看出, 若 (6.1) 有正有理数解, 则
$$n = x + \frac{1}{x} + y + \frac{1}{y} \tag{6.2}$$

也有正有理数解. 反之亦然, 这是因为

$$x + \frac{1}{x} + y + \frac{1}{y} = (x+y)\left(1 + \frac{1}{xy}\right).$$

不难看出, (6.2) 的每一组解都对应于 (6.1) 的无穷多组解 $\left(ka, kb, \frac{c}{k}, \frac{d}{k}\right)$. 特别地, 当 $n = 4$ 和 5 时, (6.2) 分别有唯一解, 即 $(x, y) = (1, 1)$ 和 $(x, y) = (2, 2)$. 前者显而易见, 后者的证明需要用到椭圆曲线理论.

图 6.2 是作者拍摄的亨利·庞加莱研究所.

图 6.2　亨利·庞加莱研究所 (作者摄于巴黎)

首先, 我们得到下列判断准则.

准则 6.1　如果 $8|n$, 或 $2||n$, 则 $abcd$ 方程无解; 如果 n 为奇数或 $4||n$, 且当 n 含有模 4 余 3 的素因子时, 则 $abcd$ 方程也无解.

证明　若 (6.2) 有解, 则存在正整数 a_1, b_1, c_1, d_1, 使得

$$n = \frac{a_1}{b_1} + \frac{b_1}{a_1} + \frac{c_1}{d_1} + \frac{d_1}{c_1}, \quad (a_1, b_1) = (c_1, d_1) = 1.$$

等式两端同乘以 $a_1 b_1$, 则有

$$a_1 b_1 n - (a_1^2 + b_1^2) = \frac{a_1 b_1}{c_1 d_1}(c_1^2 + d_1^2).$$

6.1 abcd 方程

因 $(c_1d_1, c_1^2+d_1^2)=1$,故必 $c_1d_1|a_1b_1$,否则右边不为整数. 同理可证, $a_1b_1|c_1d_1$,故而 $a_1b_1=c_1d_1$.

另一方面,我们有

$$a_1b_1n = a_1^2+b_1^2+c_1^2+d_1^2 = (a_1\pm b_1)^2+(c_1\mp d_1)^2. \tag{6.3}$$

按奇偶性、对称性和 $a_1b_1=c_1d_1$,可将 (a_1,b_1,c_1,d_1) 分成两种情况,即 (奇, 奇, 奇, 奇) 和 (奇, 偶, 奇, 偶). 由偶数的平方模 4 余 0, 奇数的平方模 8 余 1 可以推得,当 $8|n$,或 $2\|n$ 时,(6.3) 无解,从而 abcd 方程无解.

当 n 为奇数或 $4\|n$ 时,由二次剩余理论可知,(6.3) 左边或 n 不能含有模 4 余 3 的素因子. 不然的话,设素数 $p\equiv 3\pmod 4$,若 $p|(c_1+d_1)$, $p|(c_1-d_1)$,则 $p|(c_1,d_1)$. 矛盾! 又若 $p\nmid(c_1\pm d_1)$,则有 $\left(\dfrac{-(c_1\pm d_1)^2}{p}\right)=-1$,其中 $(\cdot)$ 是勒让德符号. 矛盾!

下面我们考虑方程

$$n = \left(a+\frac{1}{a}\right)\left(b+\frac{1}{b}\right) \tag{6.4}$$

此处 a 和 b 均是正整数. 显然,若 (6.4) 有解,则 abcd 方程也有解. (6.4) 有解当且仅当 $(a,b)=1$,且

$$a|(b^2+1), \quad b|(a^2+1).$$

不难发现, 上式等价于

$$a^2+b^2+1 \equiv 0 \pmod{ab}$$

也等价于存在正整数 q,

$$a^2+b^2+1 = qab.$$

可以证明,上述方程有解当且仅当 $q=3$,且此时 (6.4) 的所有解为

$$a=F_{2k-1}, \quad b=F_{2k+1}.$$

再由下述有关斐波那契序列的卡西尼恒等式

$$F_{n-1}F_{n+1}-F_n^2 = (-1)^n \quad (n\geqslant 1),$$

可得:

定理 6.1 当 $n=F_{2k-3}F_{2k+3}$ $(k\geqslant 0)$ 时, abcd 方程有解,且其解为

$$(a,b)=(F_{2k-1}, F_{2k+1}).$$

由定理 6.1 可知, 存在无穷多个 $n(4, 5, 13, 68, 445, 3029, 20740, \cdots)$, 使得 $abcd$ 方程有解.

不仅如此, 利用皮萨罗周期的性质, 我们可以证明:

定理 6.2 若 n 为奇数, (6.4) 有解, 则必 $n \equiv 5 (\mathrm{mod}\, 8)$. 若 n 为偶数, (6.4) 有解, 则必 $n = 4m, m \equiv 1 (\mathrm{mod}\, 16)$.

证明 若 (6.4) 有解, 由定理 6.1 的证明, $n = F_{2k-3}F_{2k+3}$. 考虑到斐波那契序列对模 8 的皮萨罗循环是 $\{1,1,2,3,5,0,5,5,2,7,1,0\}$, 长度为 12. 故而 n 的循环长度为 6. 当 $k = 3$ 或 6 时, n 为偶数; 而当 $k = 1, 2, 4$ 或 5 时, 有 $n \equiv 5(\mathrm{mod}\, 8)$. 故而易知, 当 n 为偶数, (6.4) 有解时, $n = F_{6k-3}F_{6k+3}$. 又因为斐波那契序列满足 $F_{6s+3} \equiv 2(\mathrm{mod}\, 32)$, 即形如 $32k + 2$, 两数相乘后必有 $n \equiv 4(\mathrm{mod}\, 64)$. 定理 6.2 得证.

现在我们考虑方程

$$n = \left(\frac{a}{b} + \frac{b}{a}\right)\left(\frac{c}{d} + \frac{d}{c}\right), \tag{6.5}$$

此处 a, b, c 和 d 均为正整数, 且 $(a, b) = (c, d) = 1$.

显然, (6.4) 是 (6.5) 的特殊情形. 若 (6.5) 有解, 则 (6.1) 和 (6.2) 也有解. 反之亦然, 这可以利用同余性质和变换得到. 我们把 (6.1), (6.2) 和 (6.5) 通称为 $abcd$ 方程.

对于 (6.5), 目前我们只获得部分结果. 例如当 $b = 1$ 时, 有以下新解:
当 $2c\mid (a^2 + 1), a\mid (c^2 + 4)$ 时, 有解

$$1237 = (17/1 + 1/17)(145/2 + 2/145),$$

$$6925 = (337/1 + 1/337)(41/2 + 2/41),$$

其中 1237 是素数; 当 a, c, d 是奇数时, $cd\mid (a^2 + 1), a\mid (c^2 + d^2)$, 有解

$$580 = (157/1 + 1/157)(5/17 + 17/5),$$

$$1156 = (73/1 + 1/73)(13/205 + 205/13),$$

$$5252 = (697/1 + 1/697)(5/37 + 37/5).$$

更有趣的是, 我们可以得到无穷多组解满足方程 (6.4) 或 (6.5), 即 $abcd$ 方程. 例如, $(c, d) = (1, 1)$, $(41, 137)$, $(386, 35521)$, 每一组都产生一个序列, 每个序列中任何两个相邻的数都会产生 (6.5) 的一个解, 我们取 $a = c^2 + d^2, b = 1$, 则 (a, b, c, d) 对应的是

$$n = \left[(c^2 + d^2)^2 + 1\right]/cd.$$

6.1 abcd 方程

前三组序列是

$$\cdots, 41761, 17, 2, 1, 1, 2, 17, 41761, \cdots,$$

$$\cdots, 20626, 41, 137, 8592082, \cdots,$$

$$\cdots, 624977, 386, 35531, \cdots,$$

其中, 每个相邻的三数组 $\{a, b, c\}$ 满足 $ac = b^4 + 1$.

在准则 6.1 的基础上, 我们还证明了:

准则 6.2 在准则 6.1 第二部分的假设下, 若 $n \pm 4$ 有模 4 余 3 的素因子 p, 则必 $p^{2k} || (n \pm 4)$, 其中 k 为正整数.

证明 由准则 6.1 的证明可知, 若 (6.2) 有解, 则存在正整数 $a, b, c, d, (a, b) = (c, d) = 1, ab = cd$, 使得

$$nab = (a \pm b)^2 + (c \mp d)^2.$$

由二次剩余理论易知, a, b 不存在模 4 余 3 的素因子. 移项可得

$$(n \pm 4)ab = (a \pm b)^2 + (c \pm d)^2. \tag{6.6}$$

设有素数 $p \equiv 3 \pmod{4}$, 满足 $p|(n+4)$, 若 $p \nmid (c+d)$, 由二次剩余理论知 (6.6) 不可能成立; 而若 $p|(c+d)$, 则 $p|(a+b)$, 故 $p^2|(n+4)$. 又若 $p^k|(n+4), k > 2$, 将 (6.6) 两端除以 p^2, 继续之, 可证得 $p^{2k}|(n+4)$. 同理可证, 若有 $p \equiv 3 \pmod{4}$, 满足 $p|(n-4)$, 则有 $p^{2k}||(n-4)$. 得证.

推论 6.1 对于任意非负整数 k, 若 $n = F_{2k-3}F_{2k+3}$, 则 n 必为奇数或满足 $4||n, n$ 不含模 4 余 3 的素因子; 若 $n \pm 4$ 有模 4 余 3 的素因子 p, 则必 $p^{2k}||(n \pm 4)$, 其中 k 为正整数.

推论 6.2 当 $n = 4m$ 时, 若 abcd 方程有解, 则必 $m \equiv 1 \pmod{8}$.

证明 由准则 6.1, $m \equiv 1 \pmod 4$. 若 $m = 8k + 5$, 则 $n + 4 = 8(4k + 3)$. 故而 $n + 4$ 必有一个 $4k + 3$ 型的素因子. 由准则 6.2, abcd 方程无解, 从而 $m \equiv 1 \pmod 8$.

由准则 6.1、准则 6.2 和定理 6.1 可得, 在不超过 1000 的正整数中, 除了 4, 5, 13, 68, 445 和 580 有解以外, 使 abcd 方程有解的可能的 n 为 41, 85, 113, 149, 229, 265, 292, 365, 373, 401, 481, 545, 761, 769, 797, 877, 905, 932.

经过计算和分析, 我们有下列猜想:

猜想 6.1 若正整数 $n \equiv 1 \pmod 8$, 则 abcd 方程无解.

猜想 6.2 若 $n = 4m$, abcd 方程有解, 则必有 $m \equiv 1 \pmod{16}$.

在上述两个猜想成立的条件下, 在不超过 1000 的正整数中, 除了 4, 5, 13, 68, 445 和 580 有解以外, 使 abcd 方程有解的可能的 n 尚有 85, 149, 229, 365, 373, 797, 877.

其中, 149 有下列两正两负的解:

$$149 = \frac{14640}{91} + \frac{91}{14640} - \frac{3965}{336} - \frac{336}{3965}$$
$$= \left(\frac{14640}{91} - \frac{3965}{336}\right)\left(1 - \frac{91 \times 336}{14640 \times 3965}\right).$$

除了上述猜想, 我们还提出下面的问题.

问题 6.1 是否存在多个正整数 n, 使得 (6.4) 无解而 abcd 方程有解?

问题 6.2 是否存在无穷多个素数 n, 使得 abcd 方程有解?

问题 6.3 是否存在正整数 n, 满足 $n = (a+b)(c+d)$, $abcd = 1$, $ab \neq k^2$?

备注 6.1 如果定义中的其他假设不变, 而让最后一个条件 $abcd = 1$ 改为 $abcd = k^2$, 则可以得到 abcd 方程的推广. 上述 abcd 方程有解的充分和必要条件仍部分存在, 那也是值得探讨的新问题.

6.2 有理点的构成

这一节我们讨论 (6.2) 有解时解的个数. 由算术–几何不等式, 易知 $n = 4$ 时, (6.2) 有唯一解. 对于 $n > 4$ 的情形, 我们需要把 (6.2) 转化为椭圆曲线.

定理 6.3 设 $n > 4$,

$$E_n : Y^2 = X^3 + (n^2 - 8)X^2 + 16X$$

是一簇椭圆曲线, 则 (6.2) 有解当且仅当 E_n 上有满足 $X < 0$ 的有理点.

证明 设 $x \geqslant 1, y \geqslant 1, x + y > 2$, 考虑变换

$$\begin{cases} x = \dfrac{s + nt}{2(t + t^2)}, \\ y = \dfrac{s + nt}{2(1 + t)}, \end{cases} \quad s, t > 0, \tag{6.7}$$

其逆变换为

$$\begin{cases} t = \dfrac{y}{x}, \\ s = \dfrac{2y^2 + (2x - n)y}{x}. \end{cases}$$

6.2 有理点的构成

故 (6.7) 为 1-1 对应变换. 将其代入 (6.2), 可得

$$n = \frac{(s+nt)^2 + 4t(1+t^2)^2}{2t(s+nt)}.$$

经化简, 并令

$$\begin{cases} X = -4t, \\ Y = 4s, \end{cases}$$

即得 E_n. 定理 6.3 得证.

此处

$$\begin{cases} x = \dfrac{2Y - 2nX}{X^2 - 4X}, \\ y = \dfrac{Y - nX}{2(4-X)}. \end{cases} \tag{6.8}$$

例 6.1 方程

$$5 = x + \frac{1}{x} + y + \frac{1}{y}$$

有唯一的正有理数解 $x = y = 2$.

解 由定理 6.3 可知, 只需求下列椭圆曲线的解

$$E_5 : Y^2 = X^3 + 17X^2 + 16X, \ X < 0.$$

利用 Magma 程序包, 可求得 E_5 的秩为 0. 由著名的莫德尔定理, 有理数域上的椭圆曲线 E_5 上的所有有理点构成的集合 $E_5(Q)$ 是有限生成的阿贝尔 (Abel) 群, 满足

$$E_5(Q) \cong T \oplus Z^{\mathrm{rank}(E_5)},$$

此处 T 为 $E_5(Q)$ 的挠部, 经计算可求得 $E_5(Q)$ 的全部有理点为

$$\{(-16.0), (-4, -12), (-4, 12), (-1, 0), (0, 1), (4, -20), (4, 20), \infty\},$$

最后一个为无穷远点. 依次代入 (6.8), 可得仅有的一个解是 $x = y = 2$.

下面考虑一般的 n, 在有正有理数解时解为无穷多组的情形. 为此我们需要引入下列引理, 这是 Nagell-Lutz 定理的变种.

引理 6.1 设有非奇异的魏尔斯特拉斯 (Weierstrass) 型椭圆曲线

$$y^2 = x^3 + ax^2 + bx,$$

其中 a 和 b 是整数. 若 (x,y) 是其上阶为有限的点, $y \neq 0$, 则 $x|b$, 且

$$x + a + \frac{b}{x}$$

是完全平方.

利用椭圆曲线的性质和挠点理论, 可以得到下列定理.

定理 6.4 当 $n \geqslant 6$ 时, $E_n: Y^2 = X^3 + (n^2 - 8)X^2 + 16X$ 的挠点 (torsion point) 为

$$(0,0), \quad (4,-4n), \quad (4,4n), \quad \infty.$$

证明 容易验算, $(0,0), (4,-4n), (4,4n), \infty$ 均为 E_n 的挠点. 下证, 它们是 E_n 的所有挠点. 当 $Y = 0$ 时, 注意到 $n \geqslant 6$, 故 $X^3 + (n^2 - 8)X^2 + 16X = 0$ 有唯一的有理数解 $X = 0$. 当 $Y \neq 0$ 时, 设 (X,Y) 是 E_n 的挠点. 由引理 6.1 可得

$$X|16 \quad \text{且} \quad X + n^2 - 8 + \frac{16}{X} \text{ 是平方数}$$

由 $X|16$ 可得 $X \in \{1,2,4,8,16\}$. 若 $X = 4$, 则 $X + n^2 - 8 + \frac{16}{X} = n^2$ 是平方数. 若 $X \in \{1,2,8,16\}$, 则 $X + n^2 - 8 + \frac{16}{X} = n^2 + 2$ 或 $n^2 + 9$; 可 $n^2 + 2$ 不是平方数; $n^2 + 9$ 是平方数当且仅当 $n = 0, 4$. 因此, 当 $Y \neq 0$ 时, 若 (X,Y) 是 E_n 的挠点, 则 $X = 4$, 由此可得 $Y = \pm 4n$. 定理 6.4 得证.

定理 6.5 当 $n \geqslant 6$ 时, 若 $abcd$ 方程有正有理数解, 则必有无穷多个正有理数解.

证明 只需证明当 $n \geqslant 6$ 时, 若 $E_n: Y^2 = X^3 + (n^2 - 8)X^2 + 16X$ 有一个有理点 $P_0(X_0, Y_0)$ 满足 $X_0 < 0$, 则有无穷多个有理点满足 $X < 0$. 事实上, 由定理 6.4, $P_0(X_0, Y_0)$ 不是挠点, 故 $[n]P_0$ 互不相同. 只需证明 $[3]P_0$ 满足 $X < 0$, 即可递推得到 $[2k+1]P_0$ 满足 $X < 0$. 下证 $[3]P_0$ 满足 $X < 0$.

首先, 若直线 $Y = kX + b$, $b \neq 0$ 与 $Y^2 = X^3 + (n^2 - 8)X^2 + 16X$ 有交点, 代入可得

$$X^3 + (n^2 - 8 - k^2)X^2 + (16 - 2kb)X - b^2 = 0,$$

则方程所有根的乘积是正数. 因此, E_n 过 P_0 的切线与 E_n 的交点满足 $X > 0$ (因为有二重根 $X_0 < 0$), 由对称性即得 $[2]P_0$ 满足 $X > 0$. 再者, 连接 P_0 和 $[2]P_0$ 的直线与 E_n 的交点满足 $X < 0$ (因为 $X_0 < 0$, $[2]P_0$ 满足 $X > 0$). 故而, 由对称性即得 $[3]P_0$ 满足 $X < 0$. 定理 6.5 得证.

例 6.2 方程

$$13 = x + \frac{1}{x} + y + \frac{1}{y} \tag{6.9}$$

有无穷多组正有理数解.

由定理 6.3 知, 只需求下列椭圆曲线的解

$$E_{13}: Y^2 = X^3 + 161X^2 + 16X, \quad x < 0.$$

利用 Magma 程序包, 可求得 E_{13} 的秩为 1. 再由莫德尔定理, 可求得 E_{13} 的生成元为 $P(X,Y) = (-100, 780)$. 利用群法则可知, E_{13} 满足 $X < 0$ 的所有有理点为 $[2k+1]P$. 此处 k 为任意非负整数. 将其代入 (6.7), 依次可得

$$[1]P = (-100, 780)(k=0), \quad (x,y) = \left(\frac{2}{5}, 10\right);$$

$$[3]P = \left(-\frac{6604900}{776161}, \frac{71411669940}{683797841}\right) \quad (k=1),$$

$$(x,y) = \left(\frac{924169}{228730}, \frac{1347965}{156818}\right);$$

$$[5]P = \left(-\frac{31274879093702500}{57589364171021281}, \frac{85900073394621020231661900}{138201712783244417779434321}\right),$$

$$(x,y) = \left(\frac{33896240819350898}{3149745790659725}, \frac{12489591059767450}{8548281631402489}\right);$$

······

从而, (6.9) 有无穷多组有理数解, 如图 6.3.

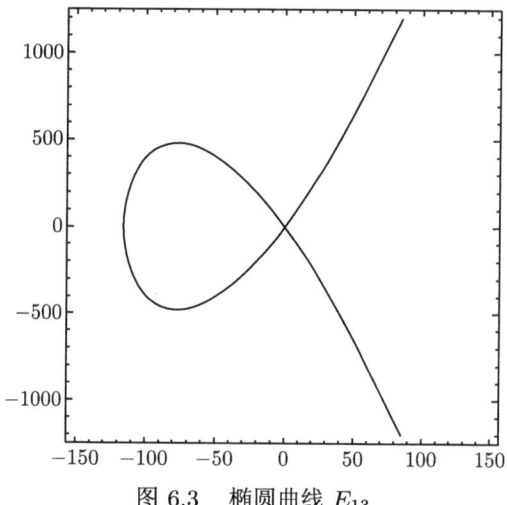

图 6.3 椭圆曲线 E_{13}

最后, 我们还有下列问题.

问题 6.4 有没有更好的方法对给定的正整数 n, 判断 $abcd$ 方程是否有解?

备注 6.2 据田野告知作者, 通过检验椭圆曲线 E_n 的 ε 因子, 由 BSD 猜想可以推出: 若正奇数 n 的不同素因子个数与 $n^2 - 16$ 的模 4 余 1 的不同素因子个数同奇偶, 则一定存在有理数组 (a, b, c, d) 满足方程 (6.1)(遗憾不是全正的). 潘锦钊求出了 $n = 11, 15$ 和 19 时的一组解, 分别是

$$\left(-\frac{64}{9}, 1, -\frac{15}{8}, \frac{3}{40}\right), \quad \left(-64, 1, -\frac{7}{24}, \frac{3}{56}\right), \quad \left(-\frac{14161}{576}, 1, -\frac{1320}{1547}, \frac{312}{6545}\right).$$

6.3 一个古老的问题

同余数 (congruent number) 是指这样一个自然数: 它是一个直角三角形的面积, 而这个直角三角形的三条边边长均为有理数. 最简单的例子是 6, 它是边长为 (3, 4, 5) 的直角三角形的面积, 故而 6 是同余数. 6 是数学家发现的最早一个同余数, 但不是最小的同余数. 从定义和例子可以看出, 同余数其实与初等数论里的同余概念无关 (图 6.4).

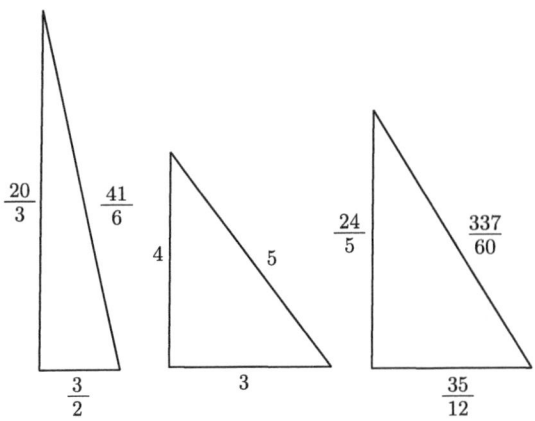

图 6.4 3 个最小的同余数 5, 6, 7

早在公元 972 年以前, 在一份阿拉伯人的手稿中, 就提出了这样一个问题: 一个正整数 n 何时能成为一个由三个有理平方数形成的等差数列的公差, 也就是说, 存在有理数 x, 使得

$$x - n, \quad x, \quad x + n$$

均为有理数的平方.

阿拉伯人定义的这个正整数 n 正是同余数.

6.3 一个古老的问题

事实上, 设
$$x - n = a^2, \quad x = b^2, \quad x + n = c^2,$$
则有
$$2x = c^2 + a^2, \quad 2n = c^2 - a^2 = (c-a)(c+a),$$
即 $c-a$ 和 $c+a$ 均为有理数, 它们是一个直角三角形的两条直角边长, 这是因为
$$(c-a)^2 + (c+a)^2 = 2\left(c^2 + a^2\right) = (2x)^2,$$
故而这是一个有理边长的直角三角形, $n = (c-a)(c+a)/2$ 是其面积, 因此 n 是同余数.

进一步, 我们可以把这个问题转变为: 设 n 为正整数, 若存在有理数 x, 使得
$$x^2 \pm n \tag{6.10}$$
均为有理数的平方, 则 n 是同余数 (图 6.5).

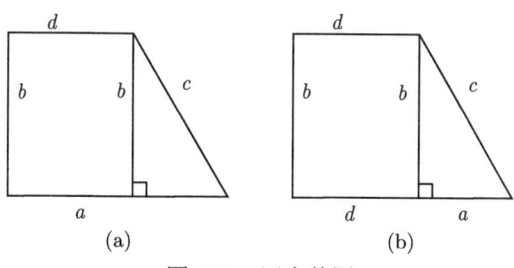

图 6.5 同余数图

假设 (x, y, z) 是毕达哥拉斯整数组, 即
$$x^2 + y^2 = z^2, \tag{6.11}$$
则有
$$z^2 \pm 2xy = (x \pm y)^2.$$
因此 $2xy$ 是同余数, 考虑到 x 和 y 一奇一偶, 故而 $xy/2 (= n)$ 也是同余数.

容易验证, (6.10) 与 (6.11) 之间存在互逆的一一映射.

所谓同余数问题是指, "寻求一个简单的判别法则, 以便决定一个自然数是否是同余数". 显然, 对任意正整数 m 和 n, $m^2 n$ 是同余数当且仅当 n 是同余数. 故而, 我们只需考虑无平方因子的正整数. 换句话说, 在小于 6 的自然数中, 我们只需考虑 1, 2, 3 和 5.

例如, (3, 4, 5) 是最小的毕达哥拉斯数组, 故而 24 和 6 均为同余数. (5, 12, 13), (8, 15, 17), (7, 24, 25) 也是毕达哥拉斯数组, 故而 120 和 30 是同余数, 240, 60 和 15 是同余数, 336, 84 和 21 是同余数.

据说, 居住在巴格达的阿拉伯数学家兼工程师凯拉吉 (Al-Karaji, 约 970—1029) 研究过同余数问题. 他以两部数学著作闻名于世, 其中一部是写于 1010 年内容极其丰富的代数学著作《发赫里》, 这本书的书名是为了纪念他的恩主——一位有远见的执政者发赫里 (Fakhr al-Mulk).

大约在 1220 年, 斐波那契证明了 5 是同余数. 他在西西里岛首府巴勒莫的一位友人建议下, 找到对应边长为 $\left(\dfrac{3}{2}, \dfrac{20}{3}, \dfrac{41}{6}\right)$ 的直角三角形, 参见图 6.2.

斐波那契生于比萨, 小时候跟着税务官的父亲游历北非, 他率先将阿拉伯数字引入欧洲, 提出了斐波那契序列, 即著名的兔子问题, 其写于 1202 年的著作《计算之书》中包含了许多希腊、埃及、阿拉伯、印度, 甚至是中国数学的相关内容, 他是中世纪最重要的欧洲数学家.

值得一提的是, 我们很容易证明, 无法找到边长是正整数的直角三角形, 使其面积为 5. 而在由上述四组毕达哥拉斯数组导出的最小同余数 6, 15, 21, 30 中间, 6 和 30 是可以找到相应的边长是正整数的直角形的, 而 15 和 21 却无法找到相应的边长是正整数的三角形.

问题出现了, 同余数 5 是否可由某个毕达哥拉斯数组导出? 这也正是斐波那契求出构成同余数 5 的有理边长三角形的方法. 10 世纪的阿拉伯数学家穆罕默德 (Mohammed Ben Alhocain) 发现, 对于任意数 e 和 d, 取 $n = k = \dfrac{de(d+e)}{d-e}$, 代入 (6.10), 则有恒等式

$$\left(\dfrac{d^2+e^2}{2(d-e)}\right)^2 \pm k = \left(\dfrac{d+e}{2} \pm \dfrac{de}{d-e}\right)^2. \tag{6.12}$$

令 $d = 5$, $e = 4$, 则 $k = 180$, 代入 (6.10) 可得

$$x^2 + k = \left(\dfrac{49}{2}\right)^2, \quad x^2 - k = \left(\dfrac{31}{2}\right)^2,$$

其中 $x = \dfrac{41}{2}$, $c = \dfrac{49}{2}$, $a = \dfrac{31}{2}$, 由此可得两条直角边 $c + a = 40$ 和 $c - a = 9$. 也就是说, 180 以及 45, 20 和 5 均可由毕达哥拉斯本原三数组 (9, 40, 41) 导出.

18 世纪, 欧拉发现 7 是同余数.

6.3 一个古老的问题

在 (6.12) 中, 取 $e = 112, d = 63$, 则 $k = 25200$, 代入可得

$$x^2 + k = \left(\frac{463}{2}\right)^2, \quad x^2 - k = \left(\frac{113}{2}\right)^2,$$

其中 $x = \frac{337}{2}, c = \frac{463}{2}, a = \frac{113}{2}$, 由此可得两条直角边 $c+a = 288$ 和 $c-a = 175$. 也就是说, 25200 以及 6300, 2800, 1575, 1008, 700, 252, 175, 112, 63, 28 和 7 均可由毕达哥拉斯本原三数组 (175, 288, 337) 导出.

那么问题来了, 每个同余数是否均可由某个毕达哥拉斯本原三数组导出?

值得注意的是, 这一导出并非一一对应. 例如, 同余数 210 既可以由 (20, 21, 29) 导出, 也可以由 (12, 35, 37) 导出. 它们分别可由 (6.12) 中取 $e = 14, d = 6$ 和 $e = 7, d = 5$ 得到.

斐波那契还发现, 假如 $a > b$ 是正整数, 如果 $a, b, a-b$ 和 $a+b$ 四个数中有三个是平方数, 那么剩下的那个一定是同余数. 例如 $a = 16, b = 9$, 则 $a+b = 25$ 也是平方数, 故 $a - b = 7$ 是同余数.

斐波那契还断言, $n = 1$ 不是同余数, 但他的证明有误. 四个世纪以后, 费尔马给出了正确的证明.

定理 6.6 1 不是同余数.

这个结果也导致了指数为 $n = 4$ 时费尔马大定理成立, 即方程 $x^4 + y^4 = z^4$ 无正整数解, 那是费尔马生前难得给出的证明. 如前文所述, 由此可知, 所有的平方数 (包括 4) 均不是同余数. 后一个结论又等价于: 椭圆曲线 $y^2 = x^3 - x$ 的有理数解只有 $(x, y) = (0, 0)$ 和 $(\pm 1, 0)$.

更一般地, d 是同余数, 当且仅当椭圆曲线

$$y^2 = x^3 - d^2 x$$

存在除 $(x, y) = (0, 0)$ 和 $(\pm d, 0)$ 以外的其他有理数解.

上述等价性同样可以通过构造两个集合之间互逆的一一映射来验证. 利用加藤和也等所著《数论》(参见 [Kato-Kurokawa-Saito 1]) 之引理 14 和引理 1.5 来证明.

下面我们证明 2 和 3 不是同余数.

定理 6.7 2 和 3 不是同余数

证明 设 $A^2 + B^3 = C^2, \frac{AB}{2} = N$, A, B, C 是正有理数, 它们的分母的最小公倍数为 s, 则有 $a = sA, b = sB, c = sC$ 均为整数, 满足 $a^2 + b^3 = c^2$,

$\dfrac{ab}{2} = s^2 N$. 容易验证, (a,b,c) 构成毕达哥拉斯本原数组. 由欧几里得公式, 可设

$$(a,b,c) = \left(m^2 - n^2, 2mn, m^2 + n^2\right), \quad (m,n) = 1, \quad m \text{ 和 } n \text{ 一奇一偶}$$

我们有
$$\dfrac{ab}{z} = \left(m^2 - n^2\right) mn = (m+n)(m-n)mn = s^2 N.$$

下面用无穷递降法证明定理. 首先考虑 $N = 2$ 的情形. 不失一般性, 设 n 为偶数, 因 $m+n, m-n, m$ 和 n 两两互素, 故有

$$m + n = x^2, \quad m - n = y^2, \quad m = z^2, \quad n = 2w^2, \tag{6.13}$$

此处 x, y, z, w 两两互素, x, y, z 是奇数. 由此可得

$$2n = 4w^2 = (m+n) - (m-n) = x^2 - y^2 = (x+y)(x-y).$$

又因 $(x+y, x-y) = (2x, x-y) = (2, x-y) = 2$, 故而

$$w^2 = \left(\dfrac{x+y}{2}\right)\left(\dfrac{x-y}{2}\right).$$

假设 $\dfrac{x+y}{2} = u^2, \dfrac{x-y}{2} = v^2, (u,v) = 1$. 因 x 和 y 为奇数, 故有

$$x - y \equiv 0 \pmod 4 \quad \text{或} \quad x + y \equiv 0 \pmod 4.$$

不妨先设 $x - y \equiv 0 \pmod 4$, 此时 u 为奇数, v 为偶数, 设 $v = 2d$, 我们有

$$x = \dfrac{x+y}{2} + \dfrac{x-y}{2} = u^2 + v^2 = u^2 + 4d^2,$$
$$y = \dfrac{x+y}{2} - \dfrac{x-y}{2} = u^2 - v^2 = u^2 - 4d^2.$$

将以上两式代入 (6.13) 可得

$$m = \dfrac{x^2 + y^2}{2} = u^4 + 16v^4 = z^2,$$

故而 $(u^2, 4v^2, z)$ 构成毕达哥拉斯本原三数组, 其面积 $2u^2 v^2$ 对应于同余数 2. 其中斜边

$$z \leqslant m < m^2 + n^2 = c,$$

6.3 一个古老的问题

即存在一个斜边更小的正整数边长的直角三角形, 其对应的同余数为 2. 故而, 2 不是同余数.

下面设 $N = 3$ 为同余数. 我们有

$$(m+n)(m-n)mn = 3s^2.$$

不失一般性, 设 m 为奇数, n 为偶数, 有以下四种可能性:

1) $m+n = 3x^2, m-n = y^2, m = z^2, n = (2w)^2$;
2) $m+n = x^2, m-n = 3y^2, m = z^2, n = (2w)^2$;
3) $m+n = x^2, m-n = y^2, m = 3z^2, n = (2w)^2$;
4) $m+n = x^2, m-n = y^2, m = z^2, n = 3(2w)^2$.

此处 x, y, z 为奇数.

情形 1), 我们有

$$2n = 8w^2 = (m+n) - (m-n) = 3x^2 - y^2,$$

此即

$$y^2 = 3x^2 - 8w^2,$$

两端取模 4 同余, 即知上式无整数解.

情形 2), 我们有

$$2n = 8w^2 = (m+n) - (m-n) = x^2 - 3y^2,$$

此即

$$x^2 = 3y^2 + 8w^2,$$

两端取模 4 同余, 即知上式无整数解.

情形 3), 我们有

$$\frac{n}{2} = 2w^2 = \left(\frac{x+y}{2}\right)\left(\frac{x-y}{2}\right),$$

这里 $\frac{x+y}{2} = u^2, \frac{x-y}{2} = v^2, (u,v) = 1, u, v$ 一奇一偶. 不妨设 u 是奇数, $v = 2d$, 同样我们有

$$x = \frac{x+y}{2} + \frac{x-y}{2} = u^2 + v^2 = u^2 + 4d^2,$$

$$y = \frac{x+y}{2} - \frac{x-y}{2} = u^2 - v^2 = u^2 - 4d^2,$$

$$m = \frac{x^2+y^2}{2} = u^4 + 16v^4 = 3z^2.$$

两端取模 4 同余, 由于 u 和 z 均为奇数, 上式不可能成立.

情形 4), 我们有

$$\frac{n}{2} = 6w^2 = \left(\frac{x+y}{2}\right)\left(\frac{x-y}{2}\right),$$

不妨设 $x - y \equiv 0 \pmod 4$, 则有以下两种可能.

第一种:
$$\frac{x+y}{2} = 3u^2, \quad \frac{x-y}{2} = 2v^2, \quad (u,v) = 1,$$

则有
$$x = \frac{x+y}{2} + \frac{x-y}{2} = 3u^2 + 2v^2,$$
$$y = \frac{x+y}{2} - \frac{x-y}{2} = 3u^2 - 2v^2,$$

故而
$$m = \frac{x^2 + y^2}{2} = 9u^4 + 4v^4 = z^2,$$

因此 $(3u^2, 2v^2, z)$ 构成毕达哥拉斯本原三数组, 其面积 $3u^2v^2$ 对应于同余数 3. 其中斜边
$$z \leqslant m < m^2 + n^2 = c,$$

即存在一个斜边更小的正整数边长的直角三角形, 其对应的同余数为 3. 故而 3 不是同余数.

第二种:
$$\frac{x+y}{2} = u^2, \quad \frac{x-y}{2} = 6v^2, \quad (u,v) = 1,$$

则有
$$x = \frac{x+y}{2} + \frac{x-y}{2} = u^2 + 6v^2,$$
$$y = \frac{x+y}{2} - \frac{x-y}{2} = u^2 - 6v^2,$$

故有
$$m = \frac{x^2 + y^2}{2} = u^4 + 36v^4 = z^2,$$

因此 $(u^2, 6v^2, z)$ 构成毕达哥拉斯本原三数组, 其面积 $3u^2v^2$ 对应于同余数 3. 其中斜边
$$z \leqslant m < m^2 + n^2 = c,$$

6.3 一个古老的问题

即存在一个斜边更小的正整数边长的直角三角形, 其对应的同余数为 3. 故而, 3 不是同余数.

同理可证, 当 $x+y \equiv 0 \pmod 4$ 时, 3 不是同余数.

定理 6.7 得证.

从而可知, 5, 6 和 7 分别是最小、第 2 小和第 3 小的同余数.

数学家们已经验证, 50 以内的同余数有 5, 6, 7, 13, 14, 15, 20, 21, 22, 23, 24, 28, 29, 30, 31, 34, 37, 38, 39, 41, 45, 46, 47, 共 23 个. 而在 1000 以内的无平方因子数中, 同余数有 361 个, 非同余数有 247 个. 还有许多特殊情形的同余数, 例如三个连续的自然数乘积 $n^3 - n$ 一定是同余数. 此外还有, 下列形式的正整数也是同余数, 即 $4n^3 + n, n^4 - m^4, n^4 + 4m^4, 2n^4 + 2m^2$, 等等.

20 世纪后半叶, 数学家们发现, 同余数问题和费尔马大定理一样, 与椭圆曲线有密切的关联. 事实上, n 为同余数的充要条件是方程组

$$\begin{cases} a^2 + b^2 = c^2, \\ \dfrac{1}{2}ab = n \end{cases} \tag{6.14}$$

有正有理数解 (a, b, c).

由第一个方程加或减第二个方程的 4 倍, 可得

$$(a \pm b)^2 = c^2 \pm 4n.$$

将所得的两个方程相乘再除以 16, 则有

$$\left(\frac{a^2 - b^2}{4}\right)^2 = \left(\frac{c}{2}\right)^4 - n^2.$$

这表明, 若 n 为同余数, 则方程 $u^4 - n^2 = v^2$ 有有理数解 $u = \dfrac{c}{2}, v = \dfrac{a^2 - b^2}{4}$. 将上式两端同乘以 u^2, 再取 $x = u^2 = \left(\dfrac{c}{2}\right)^2, y = uv = \dfrac{(a^2 - b^2)c}{8}$, 即知有一对有理数 (x, y) 满足下列椭圆曲线方程

$$y^2 = x^3 - n^2 x. \tag{6.15}$$

反之, 若 x 和 y 满足 (6.15), 且 $y \neq 0$, 令

$$a = \frac{x^2 - n^2}{y}, \quad b = \frac{2nx}{y}, \quad c = \frac{x^2 + n^2}{y}$$

易知它们满足 (6.14). 这样一来, (a, b, c) 与 (x, y) 就一一对应了. 由椭圆曲线理论可以推得, (6.15) 上的挠点便是使 $y = 0$ 的那些点. 故而, 非零 y 有理点的存在等价于椭圆曲线的秩数为正.

利用椭圆曲线的性质可以证明:

当素数 $p \equiv 3 \pmod 8$ 时, p 不是同余数, 而 $2p$ 是同余数;

当素数 $p \equiv 5 \pmod 8$ 时, p 是同余数, 而 $2p$ 不是同余数;

当素数 $p \equiv 7 \pmod 8$ 时, p 和 $2p$ 都是同余数.

上述前两个结果的非同余数结论是 1915 年由 Bastien (参见 [Bastien 1]) 得到的, 第二个结果的前半部分是 1952 年由德国无线电工程师黑格纳 (Kurt Heegner, 1893—1965) 得到的 (参见 [Heegner 1]), 他首次证明了:

存在无穷多个无平方因子的同余数.

2014 年, 田野证明了 (参见 [Tian 1]): 任给正整数 k, 在每个剩余类 $n \equiv 5, 6, 7 \pmod 8$ 中, 存在无穷多个无平方因子的素因子个数为 k 的同余数. 对一般的整数 $n \equiv 5, 6, 7 \pmod 8$, 田野、袁新意和张寿武 (参见 [Tian-Yuan-Zhang 1]) 给出了 n 是同余数的若干充要条件, 他们相信这些结果可以导出同余数的正密度. 稍后, 史密斯 (参见 [Smith 1]) 宣布他证明了: 在剩余类 $n \equiv 5$ 或 $7 \pmod 8$ 中, 同余数的比例至少有 62.9%, 而在剩余类 $n \equiv 6 \pmod 8$ 中, n 同余数的比例至少有 41.9%.

而依照戈德菲尔德 (Goldfeld) 猜想, 同余数和非同余数各占一半. 确切地说, 几乎所有模 8 余 5, 6, 7 的数是同余数, 而几乎所有模 8 余 1, 2, 3 的数不是同余数.

在 BSD 猜想假设下, 可以证明, 当 $n \equiv 5, 6, 7 \pmod 8$ 时, n 一定是同余数.

事实上, BSD 猜想说的是

$L(E, s)$ 在 $s = 1$ 点处有泰勒展开式 : $L(E, S) = c(s - 1)^m +$ 高阶项,

这里 $L(E, s)$ 是由 E 引出的欧拉乘积或狄利克雷级数, $c \neq 0$ 为常数, $m = r = \mathrm{rank}(E(Q))$ 是 $E(Q)$ 的秩数, $E(Q)$ 是有理数域上的椭圆曲线, 即椭圆曲线 E 上的有理点集合. 庞加莱曾注意到 $E(Q)$ 有群结构, 1922 年, 莫德尔证明了 $E(Q)$ 是有限生成的阿贝尔群, 即

$$E_n(Q) \cong T \oplus Z^{\mathrm{rank}(E_n)},$$

其中 T 为挠群 (torsion group). 1977 年, Mazur 证明了 $|T| \leqslant 16$.

用初等方法可以证明, n 是同余数当且仅当 $E(Q)$ 是无限的, 即它的秩数 $r > 0$. 当上述 BSD 猜想成立时, 我们可以获得 n 是同余数的一个充要条件, 即 $s = 1$ 是 $L(E_n, s)$ 的零点. 上述充要条件也被称为弱 BSD 假设, 参见 [Wang 1].

6.3 一个古老的问题

另一方面, 设

$$\Lambda(s) = \left(\frac{\sqrt{N}}{2\pi}\right)^s \Gamma(s) L(E_n, s),$$

这里 $\Gamma(s)$ 是 Gamma 函数,

$$N = \begin{cases} 32n^2, & \text{若 } n \text{ 是奇数}, \\ 16n^2, & \text{若 } n \text{ 是偶数}, \end{cases}$$

则 $\Lambda(s)$ 满足函数方程

$$\Lambda(s) = \varepsilon \Lambda(2-s),$$

其中 ε 是根数, 满足

$$\varepsilon = \begin{cases} \left(\dfrac{-2}{n}\right), & \text{若 } n \text{ 是奇数}, \\ \left(\dfrac{-1}{n/2}\right), & \text{若 } n \text{ 是偶数}, \end{cases}$$

其中 $(\cdot)$ 是雅可比函数.

通过对 $L(E_n, 1)$ 的一个快速收敛的级数表示式, 我们可以在弱 BSD 假设下得到 n 是同余数的一个充分条件, 即 $L(E_n, 1)$ 的根数 $\varepsilon = -1$.

当 $n \equiv 5 \pmod{8}$ 时,

$$\left(\frac{-2}{n}\right) = \left(\frac{2}{n}\right)\left(\frac{-1}{n}\right) = (-1)(+1) = -1;$$

当 $n \equiv 6 \pmod{8}$ 时,

$$\left(\frac{-1}{n/2}\right) = (-1)^{\frac{\frac{n}{2}-1}{1}} = -1;$$

当 $n \equiv 7 \pmod{8}$ 时,

$$\left(\frac{-2}{n}\right) = \left(\frac{2}{n}\right)\left(\frac{-1}{n}\right) = (+1)(-1) = -1.$$

故而当 n 模 8 余 5, 6 或 7 时, 均为同余数. 而其他形式的同余数中, 最小的是模 8 余 2 的 34, 其边长为 (225/30, 272/30, 353/30); 模 8 余 1 和模 8 余 3 的最小同余数分别是 41 (40/3, 123/20, 881/60) 和 219 (55/4, 1752/55, 7633/220).

1983 年, 土耳其数学家 Tunnell 证明了 (参见 [Tunnell 1]):

Tunnell 定理 若 n 为奇同余数, 则

$$\#\{n = 2x^2 + y^2 + 8z^2\}\# = 2\#\{n = 2x^2 + y^2 + 32z^2\}\#.$$

若 n 为偶同余数, 则

$$\#\{n = 2x^2 + y^2 + 16z^2\}\# = 2\#\{n = 2x^2 + y^2 + 64z^2\}\#.$$

此处 $\#\{\ \}\#$ 表示括号内方程的整数解个数.

在 BSD 猜想成立条件下, 上述结论的逆命题也成立.

Tunnell 定理的判断是实用的, 可以结合穷竭法一起使用. 例如, $n = 1$ 时前面两个方程的解数均为 2, 即 $(0, \pm 1, 0)$, 故 1 不是同余数. 从那以后, 同余数问题的研究取得了突破性的进展.

值得一提的是, 2013 年两位美国数学家 Jones 和 Rouse 在 BSD 猜想假设下, 也将二次域上费尔马方程 $x^3 + y^3 = z^3$ 是否有非平凡解归结为两个三元二次方程的整数解个数是否相等.

2022 年, 秦厚荣 (参见 [Qin 1]) 证明了以下结果: 若 n 是奇同余数, 则

$$\#\left\{n = x^2 + 2y^2 + 32z^2\right\} = \#\left\{n = 2x^2 + 4y^2 + 9z^2 - 4yz\right\};$$

若 n 为偶同余数, 则

$$\#\left\{\frac{n}{2} = x^2 + 4y^2 + 32z^2\right\}\# = \#\left\{\frac{n}{2} = 4x^2 + 4y^2 + 9z^2 - 4yz\right\}\#.$$

在 BSD 猜想的假设条件下, 上述结论的逆命题也成立.

在确定了 n 是同余数以后, 寻找以 n 为面积的有理数边长的直角三角形仍非易事. 德国出生的美国数学家扎吉尔 (Don B. Zagier, 1951—) 曾计算出 $n = 157$ 的三角形边长, 其中有理数的斜边分母和分子各有 45 位和 47 位.

6.4 新同余数

与其他数论问题一样, 同余数也被推广了. 例如, t 同余数和 θ 同余数. 设 n 为正整数, t 为有正有理数, 若存在正有理数组 (a, b, c), 满足

$$a^2 = b^2 + c^2 - 2bc\frac{t^2 - 1}{t^2 + 1}, \quad bc\frac{2t}{t^2 + 1} = 2n,$$

则 n 被称为 t 同余数.

6.4 新同余数

当 $t = 1$ 时, 此即通常意义的同余数. 不难推出, 上述条件与下列椭圆曲线一一对应

$$E_{n,t}: y^2 = x\left(x - \frac{n}{t}\right)(x + nt).$$

又设 $0 < \theta < \pi$ 是实数, $\cos\theta = \dfrac{s}{r}$ 是既约分数, 若 $n\sqrt{r^2 - s^2}$ 是某一有理数边长、含角 θ 的三角形的面积, 则称 n 为 θ 同余数. 当 $\theta = \dfrac{\pi}{2}$ 时, 此也为通常意义的同余数.

2012 年 10 月, 作者观察到, 当一个底长度为 0 时, 直角梯形便成为直角三角形, 于是考虑了一类新的同余数.

定义 6.2 正整数 n 被称作同余整数, 假如它是图 6.3 所示直角梯形的面积, 其中 a, b, c 是正整数, d 是非负整数, $(b, c) = 1$.

定义 6.3 正整数 n 被称作 k 同余数, 假如它是图 6.3 所示直角梯形的面积, 其中 a, b, c, d 是正有理数, $k \geqslant 2$ 是整数, $a = kd$.

由定义 6.3 可知

$$n = (a+d)b/2, \quad (a-d)^2 + b^2 = c^2. \tag{6.16}$$

定义 6.4 正整数 n 被称作 d 同余数, 假如它是图 6.4 所示直角梯形的面积, 其中 a, b, c 是正有理数, d 是非负整数.

由定义 6.4 可知

$$n = (a+2d)b/2, \quad a^2 + b^2 = c^2. \tag{6.17}$$

我们 (蔡天新, 张勇, 参见 [Cai-Zhang 4]) 对上述三类同余数逐一进行了研究. 由定义 6.2 可知

$$n = (a+d)b/2, \quad (a-d)^2 + b^2 = c^2, \quad (b, c) = 1.$$

依据毕达哥拉斯三数组的性质, $(a-d, b) = 1, a - d$ 和 b 奇偶性相异,

$$(a-d, b) = (2xy, x^2 - y^2) \quad \text{或} \quad (x^2 - y^2, 2xy).$$

此处 $x > y, (x, y) = 1, x$ 和 y 奇偶性相异. 因此, 我们有

正整数 n 是同余整数当且仅当 $n = pk, p$ 是任意奇素数, $k \geqslant \dfrac{p^2 - 1}{4}$, 或者 $n = 2^i k, k \geqslant 2^{2i} - 1, i \geqslant 1$, 这里 k 是任意的奇数.

反之, $n > 1$ 不是同余整数当且仅当 n 具有下列形式之一:

$$p,\ p^2\ (p \neq 3),\quad pq\ \left(5 < p < q < \frac{p^2-1}{4}\right),$$
$$2^i\ (i \geqslant 0),\quad 2^i p\ (i \geqslant 2, 2^{1+i/2} < p < 2^{2i} - 1),$$

此处 p, q 均为素数.

利用鸽子笼原理可以证明, 几乎所有的正整数都是同余整数. 更进一步, 我们用分析方法和素数定理证明了:

定理 6.8 设 $f(x)$ 表示不超过 x 的非同余整数的个数, 则

$$f(x) \sim \frac{cx}{\log x},$$

其中 $c = 1 + \ln 2$.

备注 6.3 对于经典的同余数, 我们也可以定义同余整数, 即这样的正整数, 它是某个边长为正整数的直角三角形的面积. 设不超过 x 的同余整数的个数为 $g(x)$, 它的近似估计反而没有, 但我们可以证明

$$\frac{\sqrt{x}}{2} + O(1) < g(x) \leqslant \frac{1}{2\sqrt[3]{4}} x^{\frac{2}{3}} + O\left(x^{\frac{5}{9}}\right).$$

下面, 我们利用椭圆曲线理论来研究 k 同余数和 d 同余数.

定理 6.9 每个正整数 n 均为 k 同余数.

证明 在 (6.16) 中, 取

$$b = \left|\frac{x^2 - (k^2-1)^2 n^2}{(k+1)y}\right|,\quad d = \left|\frac{2nx}{y}\right|,$$

可得一簇椭圆曲线

$$E_{n,k}: y^2 = x^3 - (k^2-1)n^2 x,$$

这里

$$a = \left|\frac{2knx}{y}\right|,\quad c = \left|\frac{x^2 + (k^2-1)^2 n^2}{(k+1)y}\right|.$$

当 $k \geqslant 2$ 时, $E_{n,k}$ 是一簇特殊的同余数曲线, 我们称其为 k 同余数曲线. 注意到 $n^3 - n$ 是同余数, 若设

$$p = n+1,\quad q = n-1,$$

6.4 新同余数

则
$$4(n^3 - n) = pq(p^2 - q^2)$$
是同余数 (由欧几里得公式). 由此取 $k = n$, 则 $E_{n,n}$ 的秩数为正, 故而导出 $n > 1$ 是 k 同余数.

当 $n = 1$ 时, 任取 $k = k_1^2$, $k_1 > 1$, 则有 $E_{1,k} : y^2 = x^3 - (k_1^4 - 1)^2 x$, 由于 $k_1^4 - 1$ 是同余数, 上述椭圆曲线有无穷多个解. 故 1 是 k 同余数, 定理 6.9 得证.

例 6.3 取 $n = 1$, $k = 4$, 我们有
$$(a, b, c, d) = \left(2, \frac{4}{5}, \frac{17}{10}, \frac{1}{2}\right), \left(\frac{16}{15}, \frac{3}{2}, \frac{17}{10}, \frac{4}{15}\right), \left(\frac{544}{161}, \frac{161}{340}, \frac{141121}{54740}, \frac{136}{161}\right);$$

取 $k = n = 2$, 由椭圆曲线 $E_{2,2}$, 我们有
$$(a, b, c, d) = \left(\frac{8}{3}, 1, \frac{5}{3}, \frac{4}{3}\right), \left(\frac{80}{7}, \frac{7}{30}, \frac{1201}{210}, \frac{40}{7}\right), \left(\frac{6808}{4653}, \frac{1551}{851}, \frac{7776485}{3959703}, \frac{3404}{4653}\right);$$

取 $k = n = 3$, 由椭圆曲线 $E_{3,3}$, 我们有
$$(a, b, c, d) = \left(\frac{9}{4}, 2, \frac{5}{2}, \frac{3}{4}\right), \left(\frac{21}{40}, \frac{60}{7}, \frac{1201}{140}, \frac{7}{40}\right), \left(\frac{851}{517}, \frac{4653}{1702}, \frac{7776485}{2639802}, \frac{851}{1551}\right).$$

定理 6.10 每个正整数均为 d 同余数.

证明 在 (6.17) 中, 取
$$\begin{cases} a = \dfrac{(3x - d^2 - 3n)(3x - d^2 + 3n)}{3(-3y + 3dx - d^3)}, \\ b = \dfrac{2n(3x - d^2)}{-3y + 3dx - d^3}, \\ c = \dfrac{(9 - 6d^2)x^2 + 9n^2 + d^4}{3(-3y + 3dx - d^3)}, \end{cases}$$

我们得到了一簇椭圆曲线
$$E_{n,d} : y^2 = x^3 - \frac{3n^2 + d^4}{3}x + \frac{(9n^2 + 2d^4)d^2}{27},$$

称之为 d 同余数曲线. 令 $d = 3n$, 我们有
$$E_{n,3n} : y^2 = x^3 - (1 + 27n^2)n^2 x + 3n^4(1 + 18n^2).$$

$E_{n,3n}$ 的判别式是 $\Delta = (4 + 81n^2)n^6 > 0$, 这就意味着 $E_{n,3n}$ 无奇点.

我们欲证明, 对每个正整数 n, $E_{n,3n}$ 上有无穷多个有理点, 从中选择一个点, 使其引出 (6.17) 的一组解 (a,b,c,d). 注意到点 $P(-6n^2, 3n^2)$ 在曲线 $E_{n,3n}$ 上, 利用椭圆曲线的群法则, 我们可得

$$[2]P = \left(\frac{(27n^2+1)(243n^2+1)}{36}, -\frac{(81n^2+1)(6561n^4+324n^2-1)}{216}\right).$$

易知对任意 $n \geqslant 1$, 点 $[2]P$ 的 x 轴坐标均为非整数, 由 Nagell-Lutz 定理, 当 $n \geqslant 4$ 时, 点 $[2]P$ 是无限阶的. 故 $E_{n,3n}$ 有无穷多有理点, 更进一步, 点 $[2]P$ 恰好使 $a,b,c,d (=3n)$ 满足 (6.17), 也即

$$\begin{cases} a = \dfrac{(729n^3-81n^2+27n+1)(9n-1)}{6(1+81n^2)}, \\ b = \dfrac{12n(1+81n^2)}{(1+9n)(729n^3+81n^2+27n-1)}, \\ c = \dfrac{43046721n^8+2125764n^6+39366n^4+1620n^2+1}{6(1+81n^2)(1+9n)(729n^3+81n^2+27n-1)}. \end{cases}$$

定理 6.10 得证.

例 6.4 依次取 $n=1, 2, 3$, 由椭圆曲线 $E_{n,3n}$, 我们有

$$(a,b,c,d) = \left(\frac{1352}{123}, \frac{123}{1045}, \frac{1412921}{128535}, 3\right);$$

$$(a,b,c,d) = \left(\frac{94571}{1950}, \frac{7800}{117971}, \frac{11156645809}{230043450}, 6\right);$$

$$(a,b,c,d) = \left(\frac{123734}{1095}, \frac{3285}{71722}, \frac{8874450677}{78535590}, 9\right).$$

进一步, 我们还有以下结果:

对于任意正整数 $k \geqslant 2$, 存在无穷多个正整数 n, n 是 k 同余数.

由定理 6.10 的证明知, 对于 $n=1$, 存在无穷多个正整数 k, 使得 1 是 k 同余数. 对于 $n \geqslant 2$, 一般的结果却难得到, 但我们却有:

若 n 是平方数, 则存在无穷多个正整数 k, 使得 n 是 k 同余数.

借助计算机的帮助, 我们提出了:

猜想 6.3 对于任意正整数 n, 存在无穷多个正整数 k, 使得 n 是 k 同余数.

对于 d 同余数, 我们也有以下结果:

任给正整数 d, 若正整数 $n \neq d^2$, 则 n 是 d 同余数. 任给正整数 n, 除非 $d^2 = n$, 否则 n 是 d 同余数.

对于任意正整数 d, d^2 不是 d 同余数.

参 考 文 献

[Cai 1] Cai T X. A Modern Introduction to Classical Number Theory. Singapore: World Scientific, 2021.

[Kato-Kurokawa-Saito 1] 加藤和也, 黑山信重, 斋藤毅. 数论 (I-II). 北京: 高等教育出版社, 2009.

[Bastien 1] Bastien L. Nombres congruents. Intermediaire Math., 1915, 22: 232-232.

[Heegner 1] Heegner K. Diophantische analysis und modulfunktionen. Math. Z., 1952, 56: 227-253.

[Tian 1] Tian Y. Congruent numbers and Heegner points. Cambridge J. of Mathematics, 2014, 2(1): 117-161.

[Tian-Yuan-Zhang 1] Tian Y, Yuan X Y, Zhang S W. Genus periods, genus points and congruent number problem. Asian J. Math., 2017, 21: 721-774.

[Smith 1] Smith A. The congruent numbers have positive natural density. 2016.3.29, arXiv:1603.08479v2.

[Wang 1] Wang Y. 同余数问题与椭圆曲线. 中国数学会通讯, 2004, 90(2): 1-5.

[Tunnell 1] Tunnell J B. A classical Diophantine problem and modular forms of weight 3/2. Invent. Math., 1983, 72: 323-334.

[Qin 1] Qin H R. Congruent numbers, quadratic forms and K_2. Mathematische Annalen, 2022, 383: 1647-1686.

[Cai-Zhang 4] Cai T X, Zhang Y. Congruent numbers on the right trapezoid. 2016, arXiv: 1605.06774.

[Guy 1] Guy R K. Unsolved Problems in Number Theory. 3rd ed. New York: Springer, 2004.

第 7 章 加乘同余及其他

一个没有诗人气质的数学家不会成为一个完全的数学家.
——卡尔·威廉·魏尔斯特拉斯

7.1 加乘同余式

前面我们讨论了许多加乘方程的实例, 本节将这一思想引入同余式, 这意味着我们将得到一些不同以往的结论. 本节和下节的内容是与沈忠燕和杨鹏合作完成的 (参见 [Cai-Shen-Yang 1]), 我们考虑了下面的加乘同余式:

$$n \equiv a + b \equiv ab \pmod{p} \tag{7.1}$$

和

$$n \equiv a - b \equiv ab \pmod{p}, \tag{7.2}$$

此处 $n \in Z_p^*$.

不难证明, 当 $n = 1$ 时, (7.1) 有解当且仅当 $\left(\dfrac{-3}{p}\right) = 1$, 即 $p = x^2 + 3y^2$, (7.2) 有解当且仅当 $\left(\dfrac{5}{p}\right) = 1$, 即 $p = 5x^2 - y^2$. 而当 $n = 2$ 时, (7.1) 有解当且仅当 $\left(\dfrac{-1}{p}\right) = 1$, 即 $p = x^2 + y^2$, (7.2) 有解当且仅当 $\left(\dfrac{3}{p}\right) = 1$, 即 $p = 3x^2 - y^2$.

例如,

$$1 \equiv 3 + 5 \equiv 3 \cdot 5 \pmod{7},$$
$$1 \equiv 5 - 4 \equiv 5 \cdot 4 \pmod{19},$$
$$2 \equiv 6 - 4 \equiv 6 \cdot 4 \pmod{11},$$
$$2 \equiv 6 + 9 \equiv 6 \cdot 9 \pmod{13}.$$

当我们说 $n \pmod{p}$ 是 (7.1) 或 (7.2) 的一个解时, 意味着存在 (a, b) 满足 (7.1) 或 (7.2). 下面, 我们先来研究 (7.1) 的解的情况. 显而易见, 当 $n = 4$ 时, (7.1) 总有解 $(2, 2)$.

7.1 加乘同余式

定理 7.1 设 p 奇素数，则共有 $\dfrac{p-1}{2}$ 个 n 使得 (7.1) 有解，且在有解时仅有一个解 (a,b)，除了交换顺序以外.

证明 当 $0 < a \neq 1 \leqslant p-1$ 时，同余式

$$a + x - ax \equiv 0 \pmod{p}$$

刚好有一个解 $x \equiv \dfrac{a}{a-1} \pmod{p}$. 当 $a = 1$ 时，上述同余式无解. 仅当 $a = 2$ 时，解 $x \equiv 2 \pmod{p}$. 故而 (7.1) 共有 $\dfrac{p-3}{2} + 1 = \dfrac{p-1}{2}$ 个解.

任给 n，设 $(a_1, b_1), (a_2, b_2)$ 是 (7.1) 的两个解，则有

$$a_1 + \frac{a_1}{a_1 - 1} \equiv a_2 + \frac{a_2}{a_2 - 1} \pmod{p}$$

或

$$\frac{(a_1 + a_2 - a_1 a_2)(a_1 - a_2)}{a_1 - 1} \equiv 0 \pmod{p}.$$

这意味着 $a_1 \equiv a_2 \pmod{p}$，或 $a_1 \equiv \dfrac{a_2}{a_2 - 1} \pmod{p}, a_2 \equiv \dfrac{a_1}{a_1 - 1} \pmod{p}$. 前者可以导出 $b_1 \equiv b_2 \pmod{p}$，后者可以导出 $a_1 = b_2, a_2 = b_1$. 定理 7.1 得证.

值得一提的是，模 p 的二次剩余和二次非剩余也各占一半，即 $\dfrac{p-1}{2}$ 个，这个结论的证明需要用到著名的费尔马小定理，定理 7.1 却不需要. 但是，下面的定理 7.3，即 (7.1) 解的幂和同余式的证明，却又需要用到费尔马小定理.

设

$$S_+ = \{n \mid n \equiv a + b \equiv ab \pmod{p}\}.$$

我们有：

定理 7.2 设 p 是奇素数，则 (7.1) 的所有解的乘积

$$\prod_{n_i \in S_+} n_i \equiv -2 \pmod{p}.$$

证明 由定理 7.1 可知，方程 (7.1) 仅当 $n = 4$ 时有唯一整数解 $(2, 2)$，对其余的 n, a 和 b 均属于模 p 的不同剩余类. 故除 1 不出现，2 出现两次以外，a, b 遍历模 p 的其他非零剩余类. 故而，由威尔逊定理可得

$$\prod_{n_i \in S_+} n_i \equiv 2 \prod_{j=2}^{p-1} j \equiv -2 \pmod{p}.$$

定理 7.2 得证.

定理 7.3 设 p 是奇素数, $k \equiv s \pmod{p-1}$, $0 \leqslant s < p-1$, 方程组 (7.1) 的解的 k 次幂和为

$$\sum_{n_i \in S_+} n_i^k \equiv \begin{cases} 2^{2s-1} - \dfrac{C_{2s}^s}{2} \pmod{p}, & \text{若 } s \neq 0, \\ \dfrac{p-1}{2} \pmod{p}, & \text{若 } s = 0. \end{cases}$$

为证明定理 7.3, 我们需要下列引理 7.1(参见 [Murty 2]).

引理 7.1 对任意素数整 k 和素数 p, 恒有

$$\sum_{x=1}^{p-1} x^k \equiv \begin{cases} 0 \pmod{p}, & p-1 \nmid k, \\ -1 \pmod{p}, & p-1 \mid k. \end{cases}$$

定理 7.3 的证明 对 $0 < a_i \neq 1 \leqslant p-1$, (7.1) 的解

$$x_i \equiv \frac{a_i}{a_i - 1} \pmod{p}.$$

由定理 7.1 可知, 除 $n = 2 \times 2 = 4$, 剩下的解 (a, b) 均成对出现, 且 $a \neq b$. 所以当 $p > 3$ 时, 有

$$\sum n_i^k \equiv \frac{1}{2} \left(\sum_{j=2}^{p-1} \frac{j^{2k}}{(j-1)^k} - 2^{2k} \right) + 2^{2k}$$

$$\equiv \frac{1}{2} \sum_{j=2}^{p-1} \frac{(j-1+1)^{2k}}{(j-1)^k} + 2^{2k-1}$$

$$\equiv \frac{1}{2} \sum_{j=2}^{p-1} \sum_{t=0}^{2k} C_{2k}^t (j-1)^{t-k} + 2^{2k-1}$$

$$\equiv \frac{1}{2} \sum_{t=0}^{2k} C_{2k}^t \sum_{j=2}^{p-1} (j-1)^{t-k} + 2^{2k-1}$$

$$\equiv \frac{1}{2} \sum_{t=0}^{2k} C_{2k}^t \left(\sum_{j=1}^{p-1} j^{t-k} - (p-1)^{t-k} \right) + 2^{2k-1}$$

$$\equiv \frac{1}{2} \sum_{t=0}^{2k} C_{2k}^t \left(\sum_{j=1}^{p-1} j^{t-k} - (-1)^{t-k} \right) + 2^{2k-1}.$$

7.1 加乘同余式

若 $k < p-1$,则由引理 7.1 可知

$$\sum n_i^k \equiv 2^{2k-1} - \frac{C_{2k}^k}{2} \pmod{p},$$

从而若 $(p-1) \nmid k$ 且 $k \equiv s \pmod{p-1}$,则

$$\sum n_i^k \equiv 2^{2s-1} - \frac{C_{2s}^s}{2} \pmod{p}.$$

若 $(p-1) \mid k$,即 $s = 0$,则由费尔马小定理可知

$$\sum n_i^k \equiv \sum 1 \equiv \frac{p-1}{2} \pmod{p}.$$

容易验证,当 $p = 3$ 时定理 7.3 依然成立. 定理 7.3 得证.

由费尔马小定理, 可得以下推论.

推论 7.1 设 p 是素数, 则

$$\sum_{n \in S_+} \frac{1}{n} \equiv \frac{1}{8} \pmod{p}, \quad p > 3,$$

$$\sum_{n \in S_+} \frac{1}{n^2} \equiv \frac{1}{32} \pmod{p}, \quad p > 5.$$

设 R 和 N 分别表示模 p 的二次剩余集合和非二次剩余集合, 定义

$$RR = \{a \in Z_p^* : a \in R, a+1 \in R\},$$
$$RN = \{a \in Z_p^* : a \in R, a+1 \in N\},$$
$$NR = \{a \in Z_p^* : a \in N, a+1 \in R\},$$
$$NN = \{a \in Z_p^* : a \in N, a+1 \in N\}.$$

我们有 (参见 [Cai 1])

$$|RR| = \frac{p - 4 - \left(\frac{-1}{p}\right)}{4}, \quad |RN| = \frac{p - \left(\frac{-1}{p}\right)}{4}, \quad |NR| = |NN| = \frac{p - 2 + \left(\frac{-1}{p}\right)}{4}.$$

受此启发, 我们研究 S_+ 与 R 和 N 的交集, 得到了

定理 7.4 设 p 是奇素数, 则有

$$|S_+ \cap R| = \frac{1}{4}\left(p - \left(\frac{-1}{p}\right)\right),$$

$$|S_+ \cap N| = \frac{1}{4}\left(p - 2 + \left(\frac{-1}{p}\right)\right).$$

证明 设 $n \in S_+$,则有 $n \equiv a + b \equiv ab \pmod{p}$,即 $(a-1)(b-1) \equiv 1 \pmod{p}$. 考虑 $a - 1 \equiv b - 1 \pmod{p}$ 的情形,若 $a - 1 \equiv b - 1 \equiv 1 \pmod{p}$,则 $a \equiv b \equiv 2 \pmod{p}$,$n \equiv ab \equiv 4 \pmod{p}$,$n \in S_+$. 若 $a - 1 \equiv b - 1 \equiv -1 \pmod{p}$,$a \equiv b \equiv 0 \pmod{p}$,$n \equiv ab \equiv 0 \pmod{p}$,$n$ 不属于 S_+.

故而若 $n \in S_+ \cap R$,则 $\left(\dfrac{n}{p}\right) = 1$,注意到 $n \equiv ab \equiv \dfrac{a^2}{a-1} \pmod{p}$,可知 $\left(\dfrac{a-1}{p}\right) = 1$. 同理可得 $\left(\dfrac{b-1}{p}\right) = 1$. $|S_+ \cap R|$ 是满足 $(a-1)(b-1) \equiv 1 \pmod{p}$ 和 $\left(\dfrac{a-1}{p}\right) = \left(\dfrac{b-1}{p}\right) = 1$ 的数对 $(a-1, b-1) \pmod{p}$ 的对数. 考虑到除了 $a - 1 \equiv b - 1 \equiv \pm 1 \pmod{p}$,其余数对的两个元素均不属于模 p 的同一剩余类.

如果 $p \equiv 1 \pmod 4$,则 ± 1 是模 p 的二次剩余,故而

$$|S_+ \cap R| = \dfrac{\dfrac{p-1}{2} - 2}{2} + 1 = \dfrac{p-1}{4} = \dfrac{1}{4}\left(p - \left(\dfrac{-1}{p}\right)\right).$$

如果 $p \equiv 3 \pmod 4$,则 1 是模 p 的二次剩余,而 -1 是模 p 的二次非剩余,故而

$$|S_+ \cap R| = \dfrac{\dfrac{p-1}{2} - 1}{2} + 1 = \dfrac{p+1}{4} = \dfrac{1}{4}\left(p - \left(\dfrac{-1}{p}\right)\right).$$

由此

$$|S_+ \cap N| = |S_+| - |S_+ \cap R| = \dfrac{1}{4}\left(p - 2 + \left(\dfrac{-1}{p}\right)\right).$$

定理 7.4 得证.

定理 7.5 设素数 $p > 3$,整数 $k \equiv s \pmod{p-1}$,$0 \leqslant s < p - 1$,则有

$$\sum_{n \in S_+ \cap R} n^k$$

$$\equiv \begin{cases} -\dfrac{1}{4}\left(\dfrac{-1}{p}\right) \pmod{p}, & \text{若 } s = 0, \\ 2^{2s-1} - \dfrac{1}{4}\binom{2s}{s} \pmod{p}, & \text{若 } 0 < s < \dfrac{p-1}{2}, \\ 2^{2s-1} - \dfrac{1}{4}\left\{\binom{2s}{s} + 2\binom{2s}{s - \dfrac{p-1}{2}}\right\} \pmod{p}, & \text{若 } \dfrac{p-1}{2} \leqslant s < p - 1. \end{cases}$$

7.1 加乘同余式

为证明定理 7.5, 我们需要两个引理.

引理 7.2(参见 [Mordell 3]) 对任意奇素数 p, 我们有

$$\left\{\left(\frac{p-1}{2}\right)!\right\}^2 \equiv (-1)^{\frac{p+1}{2}} \pmod{p}.$$

引理 7.3 对任意的奇素数 p 和正整数 l, 我们有

$$\sum_{a \in R} a^l \equiv \begin{cases} 0 \pmod{p}, & \dfrac{p-1}{2} \nmid l, \\ \dfrac{p-1}{2} \pmod{p}, & \dfrac{p-1}{2} \mid l. \end{cases}$$

特别地, 当 $p = 3$ 时,

$$\sum_{a \in R} a^l \equiv 1 \pmod{3}.$$

证明 容易验证当 $p = 3$ 或 $\dfrac{p-1}{2} \mid l$ 时定理成立, 若 $p > 3$ 且 $\dfrac{p-1}{2} \nmid l$, 则有

$$\sum_{a \in R} a^l \equiv \sum_{i=1}^{\frac{p-1}{2}} i^{2l} \equiv \frac{1}{2} \sum_{i=1}^{p-1} i^{2l} \equiv 0 \pmod{p}.$$

定理 7.5 的证明 若 $s = 0$, 可由定理 7.3 直接推出. 对于 $1 < a \leqslant p - 1$, 我们有

$$b \equiv \frac{a}{a-1} \pmod{p}.$$

除了 $n = 4$, 方程 (7.1) 的解 (a, b) 必满足 $a \not\equiv b \pmod{p}$. 故而, 当 $p > 3, 0 < s < p - 1$ 时, 我们有

$$\sum_{n \in S_+ \cap R} n^k \equiv \sum_{n \in S_+ \cap R} n^s \equiv \frac{1}{2}\left(\sum_{a-1 \in R} \frac{a^{2s}}{(a-1)^s} - 2^{2s}\right) + 2^{2s}$$

$$\equiv \frac{1}{2} \sum_{a-1 \in R} \frac{(a-1+1)^{2s}}{(a-1)^s} + 2^{2s-1}$$

$$\equiv \frac{1}{2} \sum_{a-1 \in R} \sum_{t=0}^{2s} \binom{2s}{t} (a-1)^{t-s} + 2^{2s-1}$$

$$\equiv \frac{1}{2} \sum_{t=0}^{2s} \binom{2s}{t} \sum_{a-1 \in R} (a-1)^{t-s} + 2^{2s-1} \pmod{p}.$$

利用引理 7.3, 若 $0 < s < \dfrac{p-1}{2}$, 我们有

$$\sum_{n \in S_+ \cap R} n^k \equiv 2^{2s-1} + \frac{1}{2}\binom{2s}{s}\frac{p-1}{2} \equiv 2^{2s-1} - \frac{1}{4}\binom{2s}{s} \pmod{p}.$$

而若 $\dfrac{p-1}{2} \leqslant s < p-1$, 则由引理 7.3 除了 $t-s = 0, \pm\dfrac{p-1}{2}$, 上述最后同余式右边求和模 p 均同余于 0, 故而

$$\sum_{n \in S_+ \cap R} n^k \equiv 2^{2s-1} + \frac{p-1}{4}\left(\binom{2s}{s} + \binom{2s}{s - \frac{p-1}{2}} + \binom{2s}{s + \frac{p-1}{2}}\right)$$

$$\equiv 2^{2s-1} - \frac{1}{4}\left\{\binom{2s}{s} + 2\binom{2s}{s - \frac{p-1}{2}}\right\} \pmod{p}.$$

定理 7.5 得证.

特别地, 若在定理 7.5 中取 $k = 1, 2$, 我们有

$$\sum_{n \in S+\cap R} n \equiv \frac{3}{2} \pmod{p},$$

$$\sum_{n \in S+\cap R} n^2 \equiv \frac{13}{2} \pmod{p}.$$

若在定理 7.5 中取 $k = -1, -2$, 利用著名的卢卡斯同余式, 我们可有

$$\sum_{n \in S_+ \cap R} \frac{1}{n} \equiv \frac{1}{8} - \frac{1}{32}\left(\frac{-1}{p}\right) \pmod{p},$$

$$\sum_{n \in S_+ \cap R} \frac{1}{n^2} \equiv \frac{1}{32} - \frac{1}{2^9}\left(\frac{-1}{p}\right) \pmod{p} (p > 5).$$

由定理 7.3 和定理 7.5 可知,

$$\sum_{n \in S_+} \left(\frac{n}{p}\right) n^k = \sum_{n \in S_+ \cap R} n^k - \sum_{n \in S_+ \cap N} n^k = 2\sum_{n \in S_+ \cap R} n^k - \sum_{n \in S_+} n^k.$$

因此, 我们有下列推论.

7.1 加乘同余式

推论 7.2 设素数 $p > 3$, 整数 $k \equiv s \pmod{p-1}$, $0 \leqslant s < p-1$, 则有

$$\sum_{n \in S_+} \left(\frac{n}{p}\right) n^k \equiv \begin{cases} \dfrac{1}{2} - \dfrac{1}{2}\left(\dfrac{-1}{p}\right) \pmod{p}, & s = 0, \\ 2^{2s-1} \pmod{p}, & 0 < s < \dfrac{p-1}{2}, \\ 2^{2s-1} - \begin{pmatrix} 2s \\ s - \dfrac{p-1}{2} \end{pmatrix} \pmod{p}, & \dfrac{p-1}{2} \leqslant s < p-1. \end{cases}$$

特别地, 对于素数 $p > 5$, 我们有

$$\sum_{n \in S_+} \left(\frac{n}{p}\right) n \equiv 2 \pmod{p},$$

$$\sum_{n \in S_+} \left(\frac{n}{p}\right) n^2 \equiv 8 \pmod{p},$$

$$\sum_{n \in S_+} \left(\frac{n}{p}\right) \frac{1}{n} \equiv \frac{1}{8} - \frac{1}{16}\left(\frac{-1}{p}\right) \pmod{p},$$

$$\sum_{n \in S_+} \left(\frac{n}{p}\right) \frac{1}{n^2} \equiv \frac{1}{32} - \frac{3}{256}\left(\frac{-1}{p}\right) \pmod{p}.$$

定理 7.6 设素数 $p > 3$,

$$\prod_{n \in S_+ \cap R} n \equiv \frac{3}{2} - \frac{5}{2}\left(\frac{-1}{p}\right) \pmod{p}.$$

为证明定理 7.6, 我们需要下列引理.

引理 7.4 对任意的奇素数 p, 我们有

$$\prod_{a \in R \setminus \{1\}} (a - 1) \equiv \frac{1}{2}\left(\frac{-1}{p}\right) \pmod{p},$$

$$\sum_{a \in R \setminus \{1\}} \frac{1}{a-1} \equiv \frac{3}{4} \pmod{p}.$$

证明 众所周知, $1^2, 2^2, \cdots, \left(\dfrac{p-1}{2}\right)^2$ 是模 p 的所有二次剩余, 利用引理 7.2

可得

$$\prod_{a\in R\setminus\{1\}}(a-1) \equiv \prod_{a=1}^{\frac{p-1}{2}}(a^2-1) \equiv \prod_{a=1}^{\frac{p-1}{2}}(a-1)(a+1)$$

$$\equiv \prod_{i=1}^{\frac{p-3}{2}} i \prod_{j=3}^{\frac{p+1}{2}} j \equiv \frac{p+1}{2(p-1)}\left(\prod_{i=1}^{\frac{p-1}{2}} i\right)^2$$

$$\equiv \frac{1}{2}(-1)^{\frac{p-1}{2}} \equiv \frac{1}{2}\left(\frac{-1}{p}\right) \pmod{p}$$

和

$$\sum_{a\in R\setminus\{1\}}\frac{1}{a-1} \equiv \sum_{i=2}^{\frac{p-1}{2}}\frac{1}{i^2-1} = \frac{1}{2}\left(\sum_{i=2}^{\frac{p-1}{2}}\frac{1}{i-1} - \sum_{i=2}^{\frac{p-1}{2}}\frac{1}{i+1}\right)$$

$$= \frac{1}{2}\left(1+\frac{1}{2}-\frac{2}{p-1}-\frac{2}{p+1}\right) \equiv \frac{3}{4} \pmod{p}.$$

定理 7.6 的证明 由定理 7.4 的证明, 我们有

$$\prod_{n\in S_+\cap R} n \equiv \frac{1}{4}\prod_{\substack{ab\in S_+\cap R \\ ab\not\equiv 4\pmod{p}}} ab \equiv \frac{1}{4}\prod_{\substack{a-1\in R \\ a-1\not\equiv \pm 1\pmod{p}}} a \pmod{p}. \tag{7.3}$$

如果 $p\equiv 1\pmod{4}$, 则 ± 1 均为模 p 的二次剩余, 当 $a-1$ 取遍 $R\setminus\{-1\}$ 时, 则 $1-a$ 取遍 $R\setminus\{1\}$. 因而

$$\prod_{\substack{a-1\in R \\ a-1\not\equiv \pm 1\pmod{p}}} a \equiv \prod_{\substack{a-1\in R \\ a-1\not\equiv \pm 1\pmod{p}}} [(a-1)+1]$$

$$\equiv \frac{1}{2}\prod_{a-1\in R\setminus\{-1\}}[(a-1)+1]$$

$$\equiv \frac{1}{2}\prod_{a-1\in R\setminus\{1\}}[-(a-1)+1]$$

$$\equiv \frac{(-1)^{\frac{p-3}{2}}}{2}\prod_{a-1\in R\setminus\{1\}}[(a-1)-1] \pmod{p}. \tag{7.4}$$

再由引理 7.4, 结合 (7.3) 和 (7.4), 可得

$$\prod_{n\in S_+\cap R} n \equiv 4\frac{(-1)^{\frac{p-3}{2}}}{2}\frac{1}{2} \equiv -1 \pmod{p}.$$

7.2 一个对偶问题

如果 $p \equiv 3 \pmod{4}$, 则 1 均为模 p 的二次剩余, 而 -1 是二次非剩余, 当 $a-1$ 取遍 R 时, 则 $1-a$ 取遍 N, 这里 N 是模 p 的二次非剩余集合. 因而

$$\prod_{\substack{a-1\in R \\ a-1\not\equiv \pm 1 \pmod{p}}} a \equiv \prod_{a-1\in R\setminus\{1\}} [(a-1)+1]$$

$$\equiv \frac{1}{2}\prod_{a-1\in R}[(a-1)+1]$$

$$\equiv \frac{1}{2}\prod_{a-1\in N}[-(a-1)+1]$$

$$\equiv \frac{(-1)^{\frac{p-1}{2}}}{2}\prod_{a-1\in N}[(a-1)-1] \pmod{p}. \tag{7.5}$$

利用引理 7.4 和威尔逊定理, 我们可得

$$\prod_{a-1\in R}[(a-1)-1] \equiv \frac{\prod_{a-1=2}^{p-1}[(a-1)-1]}{\prod_{a-1\in R\setminus\{1\}}[(a-1)-1]} \equiv \frac{(p-2)!}{\frac{1}{2}\left(\frac{-1}{p}\right)} \equiv -2 \pmod{p}. \tag{7.6}$$

结合 (7.3), (7.5) 和 (7.6), 即得

$$\prod_{n\in S_+\cap R} n \equiv 4\frac{(-1)^{\frac{p-2}{2}}}{2}(-2) \equiv 4 \pmod{p}.$$

定理 7.6 得证.

7.2 一个对偶问题

本节我们考虑 (7.2) 的解问题, 这是 (7.1) 对偶问题, 得到与 7.1 节相类似的一些结果.

定理 7.7 设素数 $p > 3$, 则共有 $\dfrac{p-1}{2}$ 个 n 使得 (7.2) 有解, 且除了 $n \equiv 2(p-2) \pmod{p}$, 对其余的 n, (7.2) 有解时总是成对出现的, 即 (a, b) 和 $(p-b, p-a)$. 设

$$S_- = [n \mid n \equiv a - b \equiv ab \pmod{p}].$$

我们有:

定理 7.8 设 p 是奇素数, 则 (7.2) 所有解的乘积

$$\prod_{m \in S_-} m \equiv -2 \left(\frac{-1}{p} \right) \pmod{p}.$$

证明 对于 $2 \leqslant a \leqslant p-1$, 方程

$$x - a - xa \equiv 0 \pmod{p}.$$

有唯一解

$$x \equiv -\frac{a}{a-1} \pmod{p}.$$

换言之, $\left(a, \dfrac{a}{a-1}\right) \left(-\dfrac{a}{a-1}, a\right)$ 分别满足同余式 (7.1) 和 (7.2), 故而

$$\prod_{m \in S_-} m \equiv (-1)^{\frac{p-1}{2}} \prod_{m \in S_+} n \pmod{p}.$$

故由定理 7.2, 定理 7.8 得证.

由上述定理 7.8 证明中所知, $\left(a, \dfrac{a}{a-1}\right) \left(-\dfrac{a}{a-1}, a\right)$ 分别满足同余式 (7.1) 和 (7.2), 由此比较定理 7.3, 可得

定理 7.9 设 p 是奇素数, $k \equiv s \pmod{p-1}$, $0 \leqslant s < p-1$, 方程组 (7.2) 的解的 k 次幂和为

$$\sum_{n \in S_-} m^k \equiv \begin{cases} (-1)^s \left(2^{2s-1} - \dfrac{C_{2s}^s}{2} \right) \pmod{p}, & s \neq 0, \\ \dfrac{p-1}{2} \pmod{p}, & s = 0. \end{cases}$$

特别地, 取 $k = -1$ 和 -2, 依次可得:

推论 7.3 设 p 是素数, 则

$$\sum_{n \in S_-} \frac{1}{n} \equiv -\frac{1}{8} \pmod{p}, \quad p > 3,$$

$$\sum_{n \in S_-} \frac{1}{n^2} \equiv \frac{1}{32} \pmod{p}, \quad p > 5.$$

类似定理 7.4, 我们研究 S_- 与 R 和 N 的交集, 得到了

7.2 一个对偶问题

定理 7.10 设 p 是奇素数, 则有

$$|S_- \cap R| = \frac{1}{4}\left(p - 2 + \left(\frac{-1}{p}\right)\right),$$
$$|S_- \cap N| = \frac{1}{4}\left(p - \left(\frac{-1}{p}\right)\right).$$

证明 设 n 属于 S_-, 则有 $n \equiv a - b \equiv ab \pmod{p}$, 即 $(a+1)(1-b) \equiv 1 \pmod{p}$. 考虑 $a + 1 \equiv 1 - b \pmod{p}$ 的情形, 若 $a + 1 \equiv 1 - b \equiv 1 \pmod{p}$, 则 $a \equiv b \equiv 0 \pmod{p}$, $n \equiv ab \equiv 0 \pmod{p}$, n 不属于 S_-. 若 $a + 1 \equiv 1 - b \equiv -1 \pmod{p}$, $a \equiv -2, b \equiv 2 \pmod{p}$, $n \equiv ab \equiv -4 \pmod{p}$, n 属于 S_-.

故而, 若 n 属于 $S_- \cap R$, 则 $\left(\frac{n}{p}\right) = 1$, 注意到 $n \equiv ab \equiv \frac{b^2}{1-b} \pmod{p}$, 可知 $\left(\frac{1-b}{p}\right) = 1$. 同理可得, $\left(\frac{a+1}{p}\right) = 1$. $|S_- \cap R|$ 是满足 $(a+1)(1-b) \equiv 1 \pmod{p}$ 和 $\left(\frac{a+1}{p}\right) = \left(\frac{1-b}{p}\right) = 1$ 的数对 $(a+1, 1-b) \pmod{p}$ 的对数. 考虑到除了 $a + 1 \equiv 1 - b \equiv \pm 1 \pmod{p}$, 其余数对的两个元素均不属于模 p 的同一剩余类.

如果 $p \equiv 1 \pmod 4$, 则 ± 1 均为模 p 的二次剩余, 故而

$$|S_- \cap R| = \frac{\frac{p-1}{2} - 2}{2} + 1 = \frac{p-1}{4} = \frac{1}{4}\left(p - 2 + \left(\frac{-1}{p}\right)\right).$$

如果 $p \equiv 3 \pmod 4$, 则 1 是模 p 的二次剩余, 而 -1 是模 p 的二次非剩余, 故而

$$|S_- \cap R| = \frac{\frac{p-1}{2} - 1}{2} = \frac{p-3}{4} = \frac{1}{4}\left(p - 2 + \left(\frac{-1}{p}\right)\right).$$

由此

$$|S_- \cap N| = |S_-| - |S_- \cap R| = \frac{1}{4}\left(p - \left(\frac{-1}{p}\right)\right).$$

定理 7.10 得证.

定理 7.11 设素数 $p > 3$, 整数 $k \equiv s \pmod{p-1}$, $0 \leqslant s < p-1$, 则有

$$\sum_{n \in S_- \cap R} n^k \equiv \begin{cases} -\dfrac{1}{2} + \dfrac{1}{4}\left(\dfrac{-1}{p}\right) \pmod p, & \text{若 } s = 0, \\ (-1)^s \left(1 + \left(\dfrac{-1}{p}\right)\right) 2^{2s-2} - \dfrac{(-1)^s}{4}\binom{2s}{s} \pmod p, & \text{若 } 0 < s < \dfrac{p-1}{2}, \\ (-1)^s \left(1 + \left(\dfrac{-1}{p}\right)\right) 2^{2s-2} - \dfrac{(-1)^s}{4}\left\{\binom{2s}{s}\right. \\ \left. + 2\left(\dfrac{-1}{p}\right)\binom{2s}{s - \dfrac{p-1}{2}}\right\} \pmod p, & \text{若 } \dfrac{p-1}{2} \leqslant s < p-1. \end{cases}$$

证明 若 $s = 0$, 可由定理 7.4 直接推出. 对于 $1 < b \leqslant p-1$, 我们有

$$a \equiv \frac{b}{1-b} \pmod p.$$

除了 $n = 2(p-2)$, (7.2) 的解 (a, b) 必满足 $a \not\equiv -b \pmod p$. 若 $p \equiv 1 \pmod 4$, 则 $n = 2(p-2)$ 不属于 $S_- \cap R$. 而若 $p \equiv 3 \pmod 4$, 则 $n = 2(p-2)$ 属于 $S_- \cap R$. 故而, 当 $p \equiv 1 \pmod 4$, $0 < s < p-1$ 时, 我们有

$$\sum_{n \in S_- \cap R} n^k \equiv \sum_{n \in S_- \cap R} n^s \equiv \frac{1}{2}\left(\sum_{1-b \in R} \frac{b^{2s}}{(1-b)^s} - (-2)^{2s}\right) + (-2)^{2s}$$

$$\equiv \frac{1}{2} \sum_{1-b \in R} \frac{b^{2s}}{(1-b)^s} + (-1)^s 2^{2s-1} \pmod p.$$

而当 $p \equiv 3 \pmod 4$, $0 < s < p-1$ 时, 我们有

$$\sum_{n \in S_- \cap R} n^s \equiv \frac{1}{2} \sum_{1-b \in R} \frac{b^{2s}}{(1-b)^s} \pmod p.$$

7.2 一个对偶问题

因此, 当 $p > 3, 0 < s < p-1$ 时,

$$\sum_{n \in S_- \cap R} n^s \equiv \frac{1}{2}\left(\sum_{1-b \in R} \frac{b^{2s}}{(1-b)^s}\right) + (-1)^s \left(1 + \left(\frac{-1}{p}\right)\right) 2^{2s-2}$$

$$\equiv \frac{1}{2}\left(\sum_{1-b \in R} \frac{(1-b-1)^{2s}}{(1-b)^s}\right) + (-1)^s \left(1 + \left(\frac{-1}{p}\right)\right) 2^{2s-2}$$

$$\equiv \frac{1}{2}\left(\sum_{1-b \in R} \sum_{t=0}^{2s} (-1)^t \binom{2s}{t} (1-b)^{t-s}\right) + (-1)^s \left(1 + \left(\frac{-1}{p}\right)\right) 2^{2s-2}$$

$$\equiv \frac{1}{2}\left(\sum_{t=0}^{2s} (-1)^t \binom{2s}{t} \sum_{1-b \in R} \sum_{t=0}^{2s} (-1)^t \binom{2s}{t}\right)$$

$$+ (-1)^s \left(1 + \left(\frac{-1}{p}\right)\right) 2^{2s-2} \pmod{p}.$$

由引理 7.3, 若 $0 < s < \dfrac{p-1}{2}$, 则有

$$\sum_{n \in S_- \cap R} n^k \equiv (-1)^s \left(1 + \left(\frac{-1}{p}\right)\right) 2^{2s-2} + \frac{(-1)^s}{4} \binom{2s}{s} \frac{p-1}{2}$$

$$\equiv (-1)^s \left(1 + \left(\frac{-1}{p}\right)\right) 2^{2s-2} - \frac{(-1)^s}{4} \binom{2s}{s} \pmod{p}.$$

而若 $\dfrac{p-1}{2} \leqslant s < p-1$, 则由引理 7.3, 除了 $t - s = 0, \pm\dfrac{p-1}{2}$, 第一个和式中的其他项均模 p 余 0, 故而

$$\sum_{n \in S_- \cap R} n^k$$

$$\equiv (-1)^s \left(1 + \left(\frac{-1}{p}\right)\right) 2^{2s-2} + \frac{p-1}{4}\left((-1)^s \binom{2s}{s} + 2(-1)^{s-\frac{p-1}{2}} \binom{2s}{s-\frac{p-1}{2}}\right)$$

$$\equiv (-1)^s \left(1 + \left(\frac{-1}{p}\right)\right) 2^{2s-2} - \frac{(-1)^s}{4}\left(\binom{2s}{s} + 2\left(\frac{-1}{p}\right)\binom{2s}{s-\frac{p-1}{2}}\right) \pmod{p}.$$

定理 7.11 得证.

特别地, 取 $k = -1$ 和 -2, 可得

$$\sum_{n \in S_- \cap R} \frac{1}{n^2} \equiv \frac{1}{32} - \frac{1}{2^9} \left(\frac{-1}{p} \right) \pmod{p} \quad (p > 5).$$

$$\sum_{n \in S_- \cap R} \frac{1}{n^2} \equiv \frac{1}{64} \left(\frac{-1}{p} \right) + \frac{5}{2^9} \pmod{p} \quad (p > 5).$$

再由定理 7.9、定理 7.11 以及下列恒等式

$$\sum_{n \in S_-} \left(\frac{n}{p} \right) n^k = \sum_{n \in S_- \cap R} n^k - \sum_{n \in S_- \cap N} n^k = 2 \sum_{n \in S_- \cap R} n^k - \sum_{n \in S_-} n^k.$$

我们有:

推论 7.4 设素数 $p > 3$, 整数 $k \equiv s \pmod{p-1}$, $0 \leqslant s < p-1$, 则有

$$\sum_{n \in S_-} \left(\frac{n}{p} \right) n^k$$

$$\equiv \begin{cases} \frac{1}{2} \left(\frac{-1}{p} \right) - \frac{1}{2} \pmod{p}, & \text{若 } s = 0, \\ (-1)^k \left(\frac{-1}{p} \right) 2^{2s-1} \pmod{p}, & \text{若 } 0 < s < \frac{p-1}{2}, \\ (-1)^k \left(\frac{-1}{p} \right) \left(2^{2s-1} - \binom{2s}{s - \frac{p-1}{2}} \right) \pmod{p}, & \text{若 } \frac{p-1}{2} \leqslant s < p-1. \end{cases}$$

特别地, 对于素数 $p > 5$, $k = \pm 1, \pm 2$, 我们有

$$\sum_{n \in S_-} \left(\frac{n}{p} \right) n \equiv 2 \left(\frac{-1}{p} \right) \pmod{p},$$

$$\sum_{n \in S_-} \left(\frac{n}{p} \right) n^2 \equiv 8 \left(\frac{-1}{p} \right) \pmod{p},$$

$$\sum_{n \in S_-} \left(\frac{n}{p} \right) \frac{1}{n} \equiv -\frac{1}{8} \left(\frac{-1}{p} \right) \pmod{p},$$

$$\sum_{n \in S_-} \left(\frac{n}{p} \right) \frac{1}{n^2} \equiv \frac{1}{32} \left(\frac{-1}{p} \right) \pmod{p}.$$

7.2 一个对偶问题

定理 7.12 设素数 $p > 3$,

$$\prod_{n \in S_- \cap R} n \equiv -\frac{1}{4}\left(\frac{2}{p}\right) - \frac{3}{4}\left(\frac{-2}{p}\right) \pmod{p}.$$

证明 如果 $p \equiv 1 \pmod 4$,则 ± 1 均为模 p 的二次剩余. 由定理 7.10 和引理 7.4 的证明,我们有

$$\prod_{n \in S_- \cap R} n \equiv -4 \prod_{\substack{ab \in S_- \cap R \\ ab \not\equiv 4 \pmod R}} ab$$

$$\equiv (-1)^{\frac{p-1}{4}} 4 \prod_{1-b \in R \setminus \{1,-1\}} \{(1-b) - 1\}$$

$$\equiv (-1)^{\frac{p-5}{4}} 2 \prod_{1-b \in R \setminus \{1\}} \{(1-b) - 1\}$$

$$\equiv (-1)^{\frac{p-5}{4}} 2 \cdot \frac{1}{2} \left(\frac{-1}{p}\right) = (-1)^{\frac{p+3}{4}} \pmod{p}.$$

如果 $p \equiv 3 \pmod 4$,则 ± 1 均为模 p 的二次剩余. 由定理 7.10 和引理 7.4 的证明,我们有

$$\prod_{n \in S_- \cap R} n \equiv \prod_{ab \in S_- \cap R} ab$$

$$\equiv (-1)^{\frac{p-1}{4} - \frac{1}{2}} \prod_{1-b \in R \setminus \{1\}} \{(1-b) - 1\}$$

$$\equiv (-1)^{\frac{p-3}{4}} \frac{1}{2}\left(\frac{-1}{p}\right) = \frac{(-1)^{\frac{p+1}{4}}}{2} \pmod{p}.$$

定理 7.12 得证.

设 $A = \{a_{ij}\}_{n \times n}$ 是 n 阶实矩阵,$a_{ij} = \pm 1$,H 的各行 (列) 相互正交,我们称之为阿达马矩阵.

阿达马 (Jacques-Salomon Hadamard, 1865—1963) 是法国数学家,1896 年,他独立证明了素数定理. 阿达马曾于 1936 年两次来华,到过上海、北京和杭州等地. 阿达马矩阵问题是组合数学中非常有名的一个问题,并可应用于通信系统的纠错码,例如,帮助登陆月球的转播画面更为清晰. 稍后,我们将把阿达马矩阵的构造问题与上述加乘同余式可解性的讨论相联系. 易知 $AA^{\mathrm{T}} = nI_n$,$|H| = \pm(\sqrt{n})^n$. 进一步,阿达马矩阵的阶只能取 1,2 或 4 的倍数,其中 1 阶和 2 阶的阿达马矩阵很容易构造,其他阶的阿达马矩阵不容易构造. 图 7.1 是剑桥牛顿数学研究所,图 7.2 是阿达马像.

图 7.1　剑桥牛顿数学研究所, 宣告费尔马大定理被攻克的地方

图 7.2　阿达马像

阿达马猜想　对任意 4 的倍数 n, 存在 n 阶阿达马矩阵.

1933 年, 英国数学家佩利 (Paley, 1907—1933) 利用二次剩余理论发现了一种有效的构造方法.

命题　设 p 是形如 $4k+3$ 形的素数, R 和 N 分别表示模 p 的二次剩余和二次非剩余集合, 定义 p 阶方阵 B, 其元素 b_{ij} 取 1(若 $j-i \in R$)、-1(若 $j-i \in N$). 令 A 表示这样的 $p+1$ 阶方阵, 它的第 1 行和第 1 列所有元素取 1, 其右下角的 p 阶子矩阵取 B, 则 A 为 $p+1$ 阶阿达马矩阵.

这个命题不难用二次剩余理论和勒让德符号证明, 用类似的方法, 佩利还构造出 $2(q+1)$ 阶阿达马矩阵, 这里 q 为任意 $4k+1$ 形的素数. 可以说, 他对阿达马矩阵存在性理论贡献最大. 迄今, 最小的未确定是否存在阿达马矩阵的阶是 668 阶. 阶数小于 2000 中尚未确定的还有 12 个, 它们的阶数分别为 716, 892, 1004, 1132, 1244, 1388, 1436, 1676, 1772, 1916, 1948, 1964.

由于方程 (7.1) 的解集 S_+ 和 (7.2) 的解集 S_- 元素个数均为 $\frac{p-1}{2}$, 与二次剩余集合 R 和二次非剩余集合 N 相同, 那就提供了一种新的可能性, 即是否可以利用 S_+ 和 S_- 的定义和性质来构造新的阿达马矩阵?

7.3 卡塔兰猜想

1343 年, 法国数学家、天文学家、哲学家、神学家格尔松尼迪斯 (Gersonides, 1288—1344) 出版了《数的和谐》, 他在书中得到了下述结论.

如果限制 x 和 y 为 2 或 3, a 和 b 是大于 1 的整数, 那么方程

$$x^a - y^b = 1 \tag{7.7}$$

有唯一一组整数解 $(x, y; a, b) = (3, 2; 2, 3)$.

格尔松尼迪斯是法国最早留名的数学家之一, 本名列维·本·格肖姆 (Levi ben Gershom), 在出版《数的和谐》之前, 他还出版过《数经》(1321) 和《论正弦、弦和弧》(1342). 前者讲算术, 包括开方; 后者给出了平面三角形的正弦定理以及五位小数的正弦表. 格尔松尼迪斯的生父是一位名叫卡塔兰的犹太作家, 他本人除了数学著作, 还出版过《论恰当的类比》(1319), 批评了亚里士多德的某些论点. 他曾受到西班牙的阿拉伯人阿威罗伊斯 (Averroës, 1126—1198) 的影响, 后者与伊本·西拿 (Ibn Sina, 980—1037) 是最重要的两位伊斯兰哲学家.

格尔松尼迪斯的上述结果一直默默无闻, 直到五百年后的 1844 年, 法国-比利时数学家欧仁·卡塔兰 (Eugene Charles Catalan, 1814—1894) 将它作了推广, 他允许 x 和 y 取任意正整数, 在给柏林 $Crelle$ 杂志编辑的信中, 他提出了下列猜想:

卡塔兰猜想　除了 8 和 9, 不存在其他任何形如 $\{x^m, y^n\}$ 的相邻整数, 其中 m 和 n 是任意大于 1 的正整数.

那一年卡塔兰刚好是而立之年. 卡塔兰出生于比利时布鲁日 (当时属于法国), 1825 年前后全家搬到了巴黎. 他是珠宝商的独生子, 偏偏钟情于数学. 卡塔兰毕业于著名的巴黎综合工科学校, 数学家约瑟夫·刘维尔 (Joseph Liouville, 1809—1882) 是他的老师, 他留校担任助理教授时, 指导过后来证明 e 是超越数的查尔斯·埃尔米特 (Charles Hermite, 1822—1901).

图 7.3　卡塔兰像

卡塔兰大学毕业以后, 留校当了一名助理教授. 他还有许多其他数学发现, 例如, 著名的卡塔兰数定义如下

$$C_n = \frac{1}{n+1}\binom{2n}{n} \quad (n \geqslant 0),$$

其中前 10 项是 1, 1, 2, 5, 14, 42, 132, 429, 1430, 4862, ⋯. 卡塔兰数是组合数学中一个常在各种计数问题中出现的数列, 它为数量惊人的问题提供了答案. 值得一提的是, 我国清代蒙古族数学家明安图 (1692—1765?) 的著作《割圆密率捷法》中已出现 "卡塔兰数", 故而有学者建议将此数命名为 "明安图-卡塔兰数".

1865 年, 卡塔兰受聘比利时的列日大学教授, 直到 70 岁退休. 1879 年, 65 岁的卡塔兰还发现了著名的斐波那契序列的一个恒等式

$$F_n^2 - F_{n-r}F_{n+r} = (-1)^{n-r}F_r^2 \quad (n > r \geqslant 1).$$

这个恒等式也被称为卡塔兰恒等式. 当 $r = 1$ 时,

$$F_{n-1}F_{n+1} - F_n^2 = (-1)^n \quad (n \geqslant 1),$$

此即卡西尼恒等式, 是两个世纪前的 1680 年, 由巴黎天文台台长卡西尼 (Giovanni Cassini, 1625—1712) 发现的. 它可以用多种方法证明, 包括归纳法和矩阵的方法.

回到卡塔兰猜想. 欧拉曾证明, 当 $m = 3, n = 2$ 时, 卡塔兰猜想成立. 1850 年, 法国数学家勒贝格 (V. A. Lebesgue, 1791—1875, 早于实分析的奠基人 H. L. Lebesgue, 1875—1941) 证明了 $m = 2$, 即 m 是偶数的情形. 1932 年, 塞尔贝格证明了 $n = 4$ 的情形; 1962 年, 柯召 (1910—2002) 证明了 $n = 2$, 即 n 为偶数的情形. 但是, 奇数的最好结果一直停留在 $m = n = 3$, 这是挪威数学家纳格尔 (Trygve Nagell, 1895—1985) 在 1921 年得到的. 1976 年, 荷兰数学家泰德曼

7.3 卡塔兰猜想

(Robert Tijdeman, 1943—) 证明了 (参见 [Tijdeman 1]), 卡塔兰方程至多有有限多个解.

另一方面, 正如要证明费尔马大定理, 只需证明 (2.2) 中的指数 $n(\geqslant 3)$ 由奇素数 p 代替无解一样, 证明卡塔兰猜想也只需考虑方程 (7.3) 中的指数 a 和 b 分别是素数 p 和 q 的情形, 即下列方程

$$x^p - y^q = 1 \tag{7.8}$$

无正整数解.

下面我们给出 $q = 2$ 时 (7.8) 无解和 $p = 2$ 时只有一个解的证明, 参见 [Ke 1] 和 [Ke-Sun 1].

定理 7.13 设 p 是奇素数, 则下列方程

$$y^2 + 1 = x^p \tag{7.9}$$

无正整数解.

证明 易知, 若 (7.5) 有正整数解, 则 x 和 y 必一奇一偶. 若 x 偶 y 奇, 则由 (7.5) 可得 $2 \equiv 0 \pmod 8$, 矛盾! 故只能 x 奇 y 偶. 将 (7.5) 左边在高斯环上展开,

$$(1 + y\mathrm{i})(1 - y\mathrm{i}) = x^p. \tag{7.10}$$

设 $(1+y\mathrm{i}, 1-y\mathrm{i}) = \alpha$, 若有高斯素数 $\beta \mid \alpha$, 则 $\beta \mid 2$, 故而 $\beta \mid y$. 又因 $\beta \mid (1+y\mathrm{i})$, 故而 $\beta \mid 1$. 这不可能, 因此 $(1+y\mathrm{i}, 1-y\mathrm{i}) = 1$. 再由高斯整数环上唯一分解定理成立, 可得

$$1 + y\mathrm{i} = \mathrm{i}^r (u + \mathrm{i}v)^p, \quad 0 \leqslant r \leqslant 3, \quad x = u^2 + v^2. \tag{7.11}$$

容易验证, 对于 $0 \leqslant r \leqslant 3$ (对 $r = 1$ 和 3 需要分别考虑 p 模 4 余 1 和 3 的情形), (7.7) 中 i^r 均可并入后面的 $(u+\mathrm{i}v)^p$ 中, 故而 (7.7) 可简化为

$$1 + y\mathrm{i} = (u + \mathrm{i}v)^p, \quad x = u^2 + v^2, \tag{7.12}$$

展开之, 即得

$$1 + y\mathrm{i} = u^p + p u^{p-1} \mathrm{i}v - \frac{p(p-1)}{2} u^{p-2} v^2 + \cdots \pm p u v^{p-1} \pm \mathrm{i}v^p,$$

比较两端实部, 可得

$$1 = u^p - \frac{p(p-1)}{2} u^{p-2} v^2 + \cdots \pm p u v^{p-1}. \tag{7.13}$$

因此 $u|1, u = \pm 1$, 又因 x 是奇数, u 和 v 一奇一偶, 可知 v 是偶数. 由此及 (7.13) 可得 $u = 1$, 再代入 (7.13), 我们有

$$\frac{p(p-1)}{2} - \frac{p(p-1)(p-2)(p-3)}{4!}v^2 + \cdots + pv^{p-3} = 0. \tag{7.14}$$

对于 $k \geqslant 1$, (7.14) 的各项可以写成

$$(-1)^{k-1}\binom{p}{2k}v^{2k-2} = (-1)^{k-1}\binom{p}{2}\binom{p-2}{2k-2}\frac{2v^{2k-2}}{(2k-1)2k}, \tag{7.15}$$

由于 v 是偶数, 当 $k > 1$ 时, 每项最后部分的分子含 2 的幂次均大于 $k = 1$ 时 2 的幂次, 从而 (7.14) 不可能成立. 矛盾! 定理 7.13 得证.

定理 7.14 设 p 是奇素数, 则下列方程

$$y^2 - 1 = x^p \tag{7.16}$$

仅当 $p = 3$ 时有正整数解 $(x, y) = (2, 3)$.

为证明定理 7.14, 我们需要下列引理 7.5 (参见 [Ke-Sun 1]).

引理 7.5 方程 (7.4) 有正整数解的充要条件是

$$x + 1 = p^{sq-1}y_2^q, \quad \frac{x^p+1}{x+1} = py_2^q, \quad y = p^s y_1 y_2, \quad (y_1, y_2) = 1, \quad p \nmid y_1 y_2; \tag{7.17}$$

$$y - 1 = q^{tp-1}x_1^p, \quad \frac{y^q-1}{y-1} = qx_2^p, \quad x = q^t x_1 x_2, \quad (x_1, x_2) = 1, \quad q \nmid x_1 x_2, \tag{7.18}$$

其中 s, t, x_1, x_2, y_1, y_2 都是正整数.

定理 7.14 的证明 由引理 7.5 的 (7.17), 可得

$$x + 1 = p^{2s-1}y_1^2, \quad \frac{x^p+1}{x+1} = py_2^2, \quad y = p^s y_1 y_2, \tag{7.19}$$

又由引理 7.5 的 (7.18) 第二式 ($q = 2$) 可知满足 (7.16) 的 y 必为奇数, 因而 x 为偶数.

首先, 我们假设 $p \equiv 5, 7 \pmod 8$, 即 $p = 8u + a, a = 5, 7$. 由 (7.19) 的第一式可知, $x \equiv a - 1 \pmod 8$, 故可将 (7.16) 改写为

$$y^2 = (x^2 - 1 + 1)^{4u}x^a + 1 \equiv x^a + 1 \pmod{x^2 - 1}.$$

由雅可比符号的二次互反律, 我们有

$$\left(\frac{x^a+1}{x-1}\right) = \left(\frac{2}{x-1}\right) = 1. \tag{7.20}$$

可是, $x - 1 \equiv 3, 5 \pmod 8$, 故 (7.20) 不可能成立.

其次, 设 $p \equiv 3 \pmod 8$. 当 $p = 3$ 时, 由格尔松尼迪斯的结果知, 仅有一组正整数解 $(x, y) = (2, 3)$. 下设 $p > 3$, 不妨设 $p = 8u + 3 = 24v + a$, $a = 11$ 或 19. 我们有

$$y^2 = (x^3 - 1 + 1)^{8v} x^a + 1 \equiv x^a + 1 \pmod{x^3 - 1},$$

故而

$$\left(\frac{x^a + 1}{x^3 - 1}\right) = 1. \tag{7.21}$$

若 $a = 11$, 则 $x \equiv 2 \pmod 8$, 考虑到

$$x^{11} - x^2 = x^2(x^9 - 1).$$

利用雅可比符号的性质, 我们有

$$\left(\frac{x^a + 1}{x^3 - 1}\right) = \left(\frac{x^2 + 1}{x^3 - 1}\right) = \left(\frac{x^3 - 1}{x^2 + 1}\right) = \left(\frac{-x - 1}{x^2 + 1}\right)$$
$$= \left(\frac{x^2 + 1}{x + 1}\right) = \left(\frac{2}{x + 1}\right) = -1,$$

与 (7.21) 矛盾!

若 $a = 19$, $x \equiv 2 \pmod 8$, 则有

$$1 = \left(\frac{x^{19} + 1}{x^3 - 1}\right) = \left(\frac{x + 1}{x^3 - 1}\right) = -\left(\frac{x^3 - 1}{x + 1}\right) = \left(\frac{2}{x + 1}\right) = -1.$$

仍然矛盾!

剩下只有 $p \equiv 1 \pmod 8$ 的情形, 此时 $x \equiv 0 \pmod 8$, 由 (7.19) 的第二式,

$$p y_2^2 = x^{p-1} - y^{p-2} + \cdots - x + 1, \tag{7.22}$$

设 $1 < l < p$, l 是奇数, $p = kl + \alpha$, $0 < \alpha < 1$, $(\alpha, l) = 1$,

$$E(t) = \frac{(-x)^t - 1}{(-x) - 1}, t \geqslant 1,$$

因为 $x \equiv 0 \pmod 8$, 故而 $E(t) \equiv 1 \pmod 8$, 由 (7.19) 第二式可得

$$p y_2^2 = \frac{x^p + 1}{x + 1} = \frac{x^{kl + a} + 1}{x + 1}. \tag{7.23}$$

因为 $x^l + 1 = (x+1)E(l), k + \alpha \equiv 1 \pmod{2}$, (7.23) 变成

$$py_2^2 = \frac{((x+1)E(l) - 1)^k x^a + 1}{x+1} \equiv \frac{(-1)^k x^a + 1}{x+1} = E(a) \pmod{E(l)}. \quad (7.24)$$

注意到

$$(E(a), E(l)) = \frac{(-x)^{(a,l)} - 1}{(-x) - 1} = 1,$$

我们来证明

$$\left(\frac{E(a)}{E(l)}\right) = 1, \quad (7.25)$$

由辗转相除法

$$1 = k_1 a + r_1, \quad 0 < r_1 < a,$$

$$a = k_2 r_1 + r_2, \quad 0 < r_2 < r_1,$$

$$r_1 = k_3 r_2 + r_3, \quad 0 < r_3 < r_2,$$

$$\cdots\cdots$$

$$r_{s-1} = k_{s+1} r_s + r_{s+1}, \quad 0 < r_{s+1} < r_s,$$

$$r_s = k_{s+2} r_{s+1}.$$

因为

$$\frac{(-x)^{k_1 a + r_1} - 1}{-x - 1} \equiv \frac{(-x)^{r_1} - 1}{-x - 1} \left(\bmod \frac{(-x)^a - 1}{-x - 1}\right),$$

即

$$E(k_1 a + r_1) \equiv E(r_1) \pmod{E(a)}.$$

由 $(l, p) = 1$, 可知 $r_{s+1} = 1$. 故而

$$\left(\frac{E(a)}{E(l)}\right) = \left(\frac{E(l)}{E(a)}\right) = \left(\frac{E(k_1 a + r_1)}{E(a)}\right) = \left(\frac{E(r_1)}{E(a)}\right)$$

$$= \left(\frac{E(a)}{E(r_1)}\right) = \left(\frac{E(r_2)}{E(r_1)}\right) = \cdots = \left(\frac{E(r_{s-1})}{E(r_s)}\right)$$

$$= \left(\frac{E(r_{s+1})}{E(r_s)}\right) = \left(\frac{E(1)}{E(r_s)}\right) = \left(\frac{1}{E(r_s)}\right) = 1.$$

这就证明了 (7.25).

再由 (7.24),
$$1 = \left(\frac{pE(a)}{E(l)}\right) = \left(\frac{p}{E(l)}\right), \tag{7.26}$$

由 (7.19) 第一式, $x \equiv -1 (\bmod p)$, 故
$$\left(\frac{p}{E(l)}\right) = \left(\frac{E(l)}{p}\right) = \left(\frac{l}{p}\right).$$

因为 $p \equiv 1 (\bmod 8)$, $p \geqslant 17$, 故可取 l 是 p 的二次非剩余, 即
$$\left(\frac{l}{p}\right) = -1,$$

与 (7.26) 矛盾. 定理 7.14 得证.

推论 7.5 下列丢番图方程
$$x(x+1)(x+2)\cdots(x+n-1) = y^k, \quad k > 1 \tag{7.27}$$

在 $n = 3$ 或 4 时均无非零整数解.

证明 当 $n = 3$ 时, 我们有
$$x(x+1)(x+2) = y^k, \quad k > 1. \tag{7.28}$$

因为 $(x(x+2), x+1) = 1$, 故而
$$x + 1 = u^k, \quad x(x+2) = v^k, \quad y = uv. \tag{7.29}$$

易见, (7.29) 第二式等价于
$$(x+1)^2 - 1 = v^k.$$

由定理 7.14, 上述方程仅有解 $v = 2$, $k = 3$, $x = 2$ 或 -4. 均不满足 (7.29) 第一式 $x + 1 = u^3$, 故而 (7.30) 无解.

当 $n = 4$ 时, 我们有
$$x(x+1)(x+2)(x+3) = y^k, \quad k > 1, \tag{7.30}$$

上式等价于
$$(x^2 + 3x + 1)^2 - 1 = y^k, \quad k > 1. \tag{7.31}$$

由定理 7.14, (7.31) 仅有解 $y = 2$, $k = 3$, $x^2 + 3x + 1 = \pm 3$. 显而易见, 最后一个式子不会成立. 故而, (7.30) 无非零整数解. 推论 7.5 得证.

1975 年, Erdos 和 Selfridge(参见 [Erdos-Selfridge 1]) 证明了: 对于任何 $n > 1$, (7.27) 无非零整数解.

2002 年, 罗马尼亚裔德国数学家米哈伊莱斯库 (Preda Mihailescu, 1955——) 利用分圆域和伽罗瓦模的理论, 最后证明了卡塔兰猜想 (参见 [Mihailescu 2]), 此猜想也叫米哈伊莱斯库定理. 有趣的是, 他的证明还用到了维夫瑞奇素数对. 说到维夫瑞奇素数对, 必须先提及维夫瑞奇素数. 1909 年, 德国数学家维夫瑞奇 (A. Wieferich, 1884—1954) 问, 是否存在素数 p 满足

$$2^{p-1} \equiv 1 (\bmod p^2).$$

这样的素数被称为维夫瑞奇素数, 迄今为止, 在不超过 6.7×10^{15} 范围, 人们只找到两个维夫瑞奇素数, 即 1093 和 3511, 分别是在 1913 年和 1922 年. 即便如此, 人们也无法证明, 存在无穷多个非维夫瑞奇素数.

1988 年, 美国数学家西尔弗曼 (R. H. Silverman, 1955——) 证明了: 若 abc 猜想成立, 存在无穷多个素数 p, 使得 $2^{p-1} \not\equiv 1 (\bmod p^2)$. 也就是说, 存在无穷多个非维夫瑞奇素数, 但是否存在无穷多个维夫瑞奇素数, 仍是一个谜.

维夫瑞奇还曾提出了所谓的维夫瑞奇素数对, 是指这样两个素数 p 和 q, 满足

$$p^{q-1} \equiv 1 (\bmod q^2), \quad q^{p-1} \equiv 1 (\bmod p^2).$$

迄今为止, 人们只发现 7 对维夫瑞奇素数对, 即 (2, 1093), (3, 1006003), (5, 1645333507), (5, 188748146801), (83, 4871), (911, 318917), (2903, 18787).

值得一提的是, 米哈伊莱斯库在证明卡塔兰猜想时, 得到了若干必要条件, (7.4) 中的指数 p 和 q 是维夫瑞奇素数对是其中之一.

我们考虑卡塔兰方程的强形式:

$$a - b = 1, \quad a \text{ 和 } b \text{ 是满平方数}.$$

此处满平方数 (square-full) 是指这样的正整数, 若它被素数 p 整除, 则必被 p 的平方整除. 显而易见, 上述方程等价于

$$a - b = 1, \quad ab \text{ 是满平方数}.$$

利用佩尔方程的性质不难得到, 它有无穷多个解. 例如 (8, 9), (288, 289), (675, 676), 等等.

另一方面, 如果定义满立方数 (cube-full) 为满足下列条件的正整数: 若它被素数 p 整除, 则必被 p 的立方整除. 通过计算, 我们发现并猜测:

对任意非负整数 s, 除了 $(2^{s+1}, 2^s)$, 不再有其他正整数对 (a, b) 满足 $a - b = 2^s$, ab 是满立方数.

7.4 新埃及分数

最后,作为本章也是本书的结束,我们再给出加乘方程的一个例子 (图 7.4).

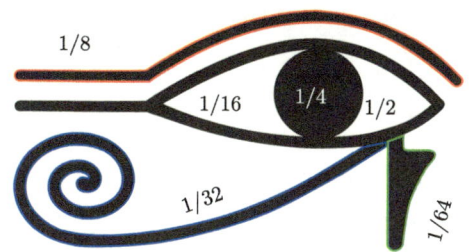

图 7.4 埃及分数: 神灵的眼睛

古埃及人喜欢单位分数,即分子为 1 的有理数,最古老的莱茵德纸草书就讨论了如何把一个正有理数表示成若干个单位分数之和的问题. 也就是说,给定正整数 m, n,求解

$$\frac{m}{n} = \frac{1}{x_1} + \frac{1}{x_2} + \cdots + \frac{1}{x_k}. \tag{7.32}$$

结论是肯定的,问题产生于一些指定的特殊值上.

若取 $1 \leqslant m \leqslant 3$, $k = 3$,易知 (7.32) 对任意正整数 n 恒有正整数解.

若取 $m = 4$, $k = 3$,1948 年,匈牙利数学家埃尔德什 (Paul Erdös, 1913—1996) 和德国出生的美国数学家、爱因斯坦的助手斯特劳斯 (E. G. Straus, 1922—1983) 猜测 (参见 [Guy 1]),对于任何 $n > 1$,方程

$$\frac{4}{n} = \frac{1}{x} + \frac{1}{y} + \frac{1}{z} \tag{7.33}$$

恒有正整数解.

当 $n \equiv 2(\bmod 3)$ 时,猜想正确,这是因为

$$\frac{4}{n} = \frac{1}{n} + \frac{1}{\frac{n-2}{3}+1} + \frac{1}{n(\frac{n-2}{3}+1)}.$$

1969 年,莫德尔 (参见 [Mordell 3]) 证明了: 当 $n \not\equiv 1(\bmod 24)$ 时,猜想成立. 迄今为止,人们已验算当 $n \leqslant 10^{14}$ 时猜想正确.

1970 年,Webb(参见 [Webb 1],第 70 页) 证明了,对几乎所有大于 1 的正整数 n, (7.33) 恒有解. 事实上,他证明了更强的结果,若设 $S(N)$ 表示不超过 N 的

n 中上述猜想不成立的个数, 则

$$S(N) \ll \frac{N}{\log^{7/4} N}.$$

1982 年, Yang (参见 [Yang 1]) 证明了:

定理 7.15

$$S(N) \ll \frac{N}{\log^2 N}.$$

为证明定理 7.15, 需要下面的引理 7.6 (参见 [Halberstam-Richert 1]).

引理 7.6 设 g 为正整数, a_i 和 b_i 是互素的正整数 ($1 \leqslant i \leqslant g$), 定义

$$E = \sum_{i=1}^{g} a_i \prod_{1 \leqslant r < s \leqslant g} (a_r b_s - a_s b_r) \neq 0.$$

再设 y 和 x 是实数, 满足 $1 \leqslant y \leqslant x$. $\mathbb{B}$ 是某个素数的集合, 存在常数 δ 和 A 使得

$$\sum_{\substack{p<y \\ p \in \mathbb{B}}} \frac{1}{p} \geqslant \delta \log\log y - A.$$

则有

$$|\{n : x - y < n \leqslant x, ((a_i n + b_i), \mathbb{B}) = 1, 1 \leqslant i \leqslant s\}|$$

$$\ll \prod_{p|E, p\in\mathbb{B}} \left(1 - \frac{1}{p}\right)^{\rho(p)-g} \frac{y}{\log^{\delta g} y}, \tag{7.34}$$

这里 $\rho(p)$ 表示下列方程的解数

$$\sum_{i=1}^{g} (a_i n + b_i) \equiv 0 \pmod{p}.$$

而 $\ll$ 所蕴含的常数只依赖于 g 和 A.

定理 7.15 的证明 显而易见

$$\frac{4}{n} = \begin{cases} \dfrac{1}{nk(k+1)} + \dfrac{1}{n(k+1)} + \dfrac{1}{kv}, & n = (4k-1)v, \\ \dfrac{1}{nk} + \dfrac{1}{nkv} + \dfrac{1}{kv}, & n+1 = (4k-1)v, \\ \dfrac{1}{nk} + \dfrac{1}{nk(kv-1)} + \dfrac{1}{kv-1}, & n+4 = (4k-1)v, \\ \dfrac{1}{nk} + \dfrac{1}{k(kv-n)} + \dfrac{1}{n(kv-n)}, & 4n+1 = (4k-1)v. \end{cases}$$

由此可证, 当 n, $n+1$, $n+4$ 或 $4n+1$ 四个数中有一个有因子 $d = 4k - 1$, 猜想是正确的.

现在, 在引理 7.6 中选取

$$\mathbb{B} = \{p : p \equiv -1 \pmod{4}\}, \quad y = x, \quad g = 4,$$

$$\prod_{i=1}^{4}(a_i x + b_i) = x(x+1)(x+4)(4x+1),$$

则我们有

$$E = 2^4 \cdot 3^3 \cdot 5 \neq 0, \quad \delta(3) = 2,$$

$$\prod_{p|E, p\in\mathbb{B}}\left(1 - \frac{1}{p}\right)^{\rho(p)-g} = \left(\frac{2}{3}\right)^{-2}.$$

最后, 由 Merten 公式 (参见 [Halberstam-Richert 1], 第 35 页)

$$\sum_{\substack{p<x \\ p\equiv l \pmod k}} \frac{1}{p} = \frac{1}{\varphi(k)} \log\log x + O_k(1), \quad (l, k) = 1.$$

取 $\delta = \dfrac{1}{2}$, 由 (7.30) 即得定理 7.15.

另一方面, 迄今为止, 人们已验证 $n \leqslant 10^{14}$ 时猜想正确.

又若取 $m = 5$, $k = 3$, 1956 年, 波兰数学家席宾斯基 (Waclaw Sierpiński, 1882—1969) 猜测 (参见 [Guy 1]), 对于任何 $n > 1$, 方程

$$\frac{5}{n} = \frac{1}{x} + \frac{1}{y} + \frac{1}{z}$$

恒有正整数解.

1966 年, 斯图尔特 (B. M. Stewart, 1915—1994) 证明了, 当 $m \not\equiv 1 \pmod{278468}$ 时, 猜想成立. 同时, 他验算当 $n \leqslant 10^9$ 时猜想正确.

上述这两个猜想至今未获得证明或否定. 还有一个问题悬而未决, 是由爱多士和格雷厄姆提出来的. 在 (7.32) 中取 $m = n = 1$, 令 $x_1 < x_2 < \cdots < x_k$. 对于任意给定的正整数 k, 确定 x_k 可能的最小值. 假设这个最小值为 $m(k)$, 已知的结果有, $m(3) = 6$, $m(4) = 12$, $m(12) = 30$,

$$1 = \frac{1}{2} + \frac{1}{3} + \frac{1}{6}, \quad 1 = \frac{1}{2} + \frac{1}{4} + \frac{1}{6} + \frac{1}{12},$$

$$1 = \frac{1}{6} + \frac{1}{7} + \frac{1}{8} + \frac{1}{9} + \frac{1}{10} + \frac{1}{14} + \frac{1}{16} + \frac{1}{18} + \frac{1}{20} + \frac{1}{24} + \frac{1}{28} + \frac{1}{30},$$

但一般的结果尚无人知晓. 爱多士还问, 是否存在正常数 c, 使得 $m(k) \leqslant ck$?

考虑上述埃及分数问题, 注意到 $5 = 4 + \frac{1}{2} + \frac{1}{2}, 4 \times \frac{1}{2} \times \frac{1}{2} = 1$. 对任意正整数 n, 下列席宾斯基型加乘方程

$$\begin{cases} \dfrac{5}{n} = x + y + z, \\ xyz = \dfrac{1}{A} \end{cases}$$

恒有解. 这里 x, y, z 是正有理数, 而 A 是正整数. 然而, 我们既找不到下列方程的正有理数解,

$$\begin{cases} 4 = x + y + z, \\ xyz = \dfrac{1}{A}, \end{cases}$$

也无法断定这样的解不存在. 到目前为止, 我们只求得一般的有理数解, 例如, $(x, y, z) = \left(-\dfrac{1}{6}, -\dfrac{1}{3}, \dfrac{9}{2}\right)$. 因此, 我们无法对一般的正整数 n, 判断下列埃尔德什-斯特劳斯加乘方程的可解性 (A 为正整数),

$$\begin{cases} \dfrac{4}{n} = x + y + z, \\ xyz = \dfrac{1}{A}, \end{cases}$$

上述方程的可解性可谓是弱埃尔德什-斯特劳斯猜想. 由此也可以推测, 埃尔德什-斯特劳斯猜想的难度可能超过席宾斯基猜想.

另一方面, 对任意正整数 n, 设 $A(n)$ 是最小的正整数 A, 使得下列加乘方程有正有理数解 (A 为正整数)

$$\begin{cases} n = x + y + z, \\ xyz = \dfrac{1}{A}, \end{cases} \tag{7.35}$$

因为 $1 = \frac{1}{3} + \frac{1}{3} + \frac{1}{3}, 2 = 1 + \frac{1}{2} + \frac{1}{2}$, 再由算术-几何不等式可得 $A(1) = 27, A(2) = 4$. 又因为

$$3 = 1 + 1 + 1, \quad 5 = 4 + \frac{1}{2} + \frac{1}{2}, \quad 6 = \frac{9}{2} + \frac{4}{3} + \frac{1}{6},$$

$$9 = \frac{49}{6} + \frac{9}{14} + \frac{4}{21}, \quad 10 = \frac{324}{35} + \frac{25}{126} + \frac{49}{90},$$

可以求得 $A(3) = A(5) = A(6) = A(9) = A(10)=1$. 事实上, 当 $A =1$ 时, (7.31) 等价于
$$x^3 + y^3 + z^3 = nxyz$$
或
$$n = \frac{x}{y} + \frac{y}{z} + \frac{z}{x},$$

这里 x, y, z 为正整数. 依据 http://oeis.org/A072716, 在不超过 100 的数中间, 上述方程有解的 n 是 3, 5, 6, 9, 10, 13, 14, 17, 18, 19, 21, 26, 29, 30, 38, 41, 51, 53, 54, 57, 66, 67, 69, 73, 74, 77, 83, 86, 94. 对其余的 n, 如果不是 4 或 4 的倍数, 我们可以用 Magma 程序包和椭圆曲线理论. 例如, $A(7) = 6$, 它的一个解是 $\left(\dfrac{4232}{825}, \dfrac{1875}{1012}, \dfrac{121}{6900}\right)$. 可是, 对于 $n = 4$ 或 4 的倍数, 我们却难以确定 $A(n)$.

综观以上 7 章提出和讨论的问题, 已取得或部分取得重要进展, 但仍有许多引人入胜的工作要做. 我们期待它们能绽放艳丽的花朵, 结出丰硕的果实. 自从 1995 年费尔马大定理被攻克以来, 数论领域捷报频传, 先是卡塔兰猜想 (2002) 被证明, 然后是 *abc* 猜想 (2012) 和奇数哥德巴赫问题 (2013) 被宣布解决 (前者仍待确认), 孪生素数猜想 (2013) 也取得了重大突破. 另一方面, 这也是一把双刃剑, 给数论界敲响了警钟: "会下金蛋的鸡"越来越少了. 但愿, 本书会是一缕清新的空气、一股新鲜的血液, 能够催生出一两只未来能下金蛋的 "雏鸡".

参 考 文 献

[Silverman-Tate 1]　Silverman J, Tate J. Rational points on elliptic curves. New York: Springer, 2004.

[Cai-Shen-Yang 1]　Cai T X, Shen Z Y, Yang P. On the solution set of additive and multiplicative congruences modulo primes. to appear in Filomat, 2024, 38(2): 621-635.

[Murty 2]　Murty M R. Introduction to P-adic Analytic Number Theory. Amer. Math. Soc., 2009.

[Mordell 3]　Mordell L J. The congruence $((p-1)/2)! \pm 1 \pmod{p}$. Amer. Math. Monthly, 1961, 68: 145-146.

[Cai 1]　Cai T X. A Modern Introduction to Classical Number Theory. Singapore: World Scientific, 2021.

[Tijdeman 1]　Tijdeman R. On the equation of Catalan. Acta Arithmetica, 1976, 29: 197-209.

[Ke 1]　柯召. 关于方程 $x^2 = y^n + 1, xy \neq 0$. 四川大学学报 (自然科学版), 1962, 1: 1-6.

[Ke-Sun 1]	柯召, 孙琦. 谈谈不定方程. 哈尔滨: 哈尔滨工业大学出版社, 2011.
[Erdos-Selfridge 1]	Erdos P, Selfridge J L. The product of consecutive integers is never a prime. Illinois J. Math., 1975, 19: 292-301.
[Mihailescu 2]	Mihailescu P. Primary cyclotomic units and a proof of Catalan's conjecture. J. Reine Angew. Math., 2004, 572: 167-195.
[Guy 1]	Guy R K. Unsolved problems in number theory. 3rd ed. New York: Springer, 2004.
[Mordell 3]	Mordell L J. Diophantine Equations. New York, London: Academic Press, 1969.
[Webb 1]	Webb W A. On $4/n = 1/x + 1/y + 1/z$. Proc. Amer. Math. Soc., 1970, 25: 578-584.
[Yang 1]	Yang X Q. A note on $4/n = 1/x + 1/y + 1/z$. Proc. Amer. Math. Soc., 1987, 85(4): 496-498.
[Halberstam-Richert 1]	Halberstam H, Richert H E. Sieve Methods. New York: Academic Press, 1974.

"现代数学基础丛书"已出版书目

(按出版时间排序)

1. 数理逻辑基础(上册) 1981.1 胡世华 陆钟万 著
2. 紧黎曼曲面引论 1981.3 伍鸿熙 吕以辇 陈志华 著
3. 组合论(上册) 1981.10 柯召 魏万迪 著
4. 数理统计引论 1981.11 陈希孺 著
5. 多元统计分析引论 1982.6 张尧庭 方开泰 著
6. 概率论基础 1982.8 严士健 王隽骧 刘秀芳 著
7. 数理逻辑基础(下册) 1982.8 胡世华 陆钟万 著
8. 有限群构造(上册) 1982.11 张远达 著
9. 有限群构造(下册) 1982.12 张远达 著
10. 环与代数 1983.3 刘绍学 著
11. 测度论基础 1983.9 朱成熹 著
12. 分析概率论 1984.4 胡迪鹤 著
13. 巴拿赫空间引论 1984.8 定光桂 著
14. 微分方程定性理论 1985.5 张芷芬 丁同仁 黄文灶 董镇喜 著
15. 傅里叶积分算子理论及其应用 1985.9 仇庆久等 编
16. 辛几何引论 1986.3 J.柯歇尔 邹异明 著
17. 概率论基础和随机过程 1986.6 王寿仁 著
18. 算子代数 1986.6 李炳仁 著
19. 线性偏微分算子引论(上册) 1986.8 齐民友 著
20. 实用微分几何引论 1986.11 苏步青等 著
21. 微分动力系统原理 1987.2 张筑生 著
22. 线性代数群表示导论(上册) 1987.2 曹锡华等 著
23. 模型论基础 1987.8 王世强 著
24. 递归论 1987.11 莫绍揆 著
25. 有限群导引(上册) 1987.12 徐明曜 著
26. 组合论(下册) 1987.12 柯召 魏万迪 著
27. 拟共形映射及其在黎曼曲面论中的应用 1988.1 李忠 著
28. 代数体函数与常微分方程 1988.2 何育赞 著

29	同调代数　1988.2　周伯壎　著	
30	近代调和分析方法及其应用　1988.6　韩永生　著	
31	带有时滞的动力系统的稳定性　1989.10　秦元勋等　编著	
32	代数拓扑与示性类　1989.11　马德森著　吴英青　段海豹译	
33	非线性发展方程　1989.12　李大潜　陈韵梅　著	
34	反应扩散方程引论　1990.2　叶其孝等　著	
35	仿微分算子引论　1990.2　陈恕行等　编	
36	公理集合论导引　1991.1　张锦文　著	
37	解析数论基础　1991.2　潘承洞等　著	
38	拓扑群引论　1991.3　黎景辉　冯绪宁　著	
39	二阶椭圆型方程与椭圆型方程组　1991.4　陈亚浙　吴兰成　著	
40	黎曼曲面　1991.4　吕以辇　张学莲　著	
41	线性偏微分算子引论(下册)　1992.1　齐民友　徐超江　编著	
42	复变函数逼近论　1992.3　沈燮昌　著	
43	Banach 代数　1992.11　李炳仁　著	
44	随机点过程及其应用　1992.12　邓永录等　著	
45	丢番图逼近引论　1993.4　朱尧辰等　著	
46	线性微分方程的非线性扰动　1994.2　徐登洲　马如云　著	
47	广义哈密顿系统理论及其应用　1994.12　李继彬　赵晓华　刘正荣　著	
48	线性整数规划的数学基础　1995.2　马仲蕃　著	
49	单复变函数论中的几个论题　1995.8　庄圻泰　著	
50	复解析动力系统　1995.10　吕以辇　著	
51	组合矩阵论　1996.3　柳柏濂　著	
52	Banach 空间中的非线性逼近理论　1997.5　徐士英　李　冲　杨文善　著	
53	有限典型群子空间轨道生成的格　1997.6　万哲先　霍元极　著	
54	实分析导论　1998.2　丁传松等　著	
55	对称性分岔理论基础　1998.3　唐云　著	
56	Gelfond-Baker 方法在丢番图方程中的应用　1998.10　乐茂华　著	
57	半群的 S-系理论　1999.2　刘仲奎　著	
58	有限群导引(下册)　1999.5　徐明曜等　著	
59	随机模型的密度演化方法　1999.6　史定华　著	
60	非线性偏微分复方程　1999.6　闻国椿　著	
61	复合算子理论　1999.8　徐宪民　著	
62	离散鞅及其应用　1999.9　史及民　编著	

63	调和分析及其在偏微分方程中的应用 1999.10	苗长兴 著
64	惯性流形与近似惯性流形 2000.1	戴正德 郭柏灵 著
65	数学规划导论 2000.6	徐增堃 著
66	拓扑空间中的反例 2000.6	汪 林 杨富春 编著
67	拓扑空间论 2000.7	高国士 著
68	非经典数理逻辑与近似推理 2000.9	王国俊 著
69	序半群引论 2001.1	谢祥云 著
70	动力系统的定性与分支理论 2001.2	罗定军 张 祥 董梅芳 编著
71	随机分析学基础(第二版) 2001.3	黄志远 著
72	非线性动力系统分析引论 2001.9	盛昭瀚 马军海 著
73	高斯过程的样本轨道性质 2001.11	林正炎 陆传荣 张立新 著
74	数组合地图论 2001.11	刘彦佩 著
75	光滑映射的奇点理论 2002.1	李养成 著
76	动力系统的周期解与分支理论 2002.4	韩茂安 著
77	神经动力学模型方法和应用 2002.4	阮炯 顾凡及 蔡志杰 编著
78	同调论——代数拓扑之一 2002.7	沈信耀 著
79	金兹堡–朗道方程 2002.8	郭柏灵等 著
80	排队论基础 2002.10	孙荣恒 李建平 著
81	算子代数上线性映射引论 2002.12	侯晋川 崔建莲 著
82	微分方法中的变分方法 2003.2	陆文端 著
83	周期小波及其应用 2003.3	彭思龙 李登峰 谌秋辉 著
84	集值分析 2003.8	李 雷 吴从炘 著
85	数理逻辑引论与归结原理 2003.8	王国俊 著
86	强偏差定理与分析方法 2003.8	刘 文 著
87	椭圆与抛物型方程引论 2003.9	伍卓群 尹景学 王春朋 著
88	有限典型群子空间轨道生成的格(第二版) 2003.10	万哲先 霍元极 著
89	调和分析及其在偏微分方程中的应用(第二版) 2004.3	苗长兴 著
90	稳定性和单纯性理论 2004.6	史念东 著
91	发展方程数值计算方法 2004.6	黄明游 编著
92	传染病动力学的数学建模与研究 2004.8	马知恩 周义仓 王稳地 靳祯 著
93	模李超代数 2004.9	张永正 刘文德 著
94	巴拿赫空间中算子广义逆理论及其应用 2005.1	王玉文 著
95	巴拿赫空间结构和算子理想 2005.3	钟怀杰 著
96	脉冲微分系统引论 2005.3	傅希林 闫宝强 刘衍胜 著

97	代数学中的 Frobenius 结构　2005.7　汪明义　著	
98	生存数据统计分析　2005.12　王启华　著	
99	数理逻辑引论与归结原理(第二版)　2006.3　王国俊　著	
100	数据包络分析　2006.3　魏权龄　著	
101	代数群引论　2006.9　黎景辉　陈志杰　赵春来　著	
102	矩阵结合方案　2006.9　王仰贤　霍元极　麻常利　著	
103	椭圆曲线公钥密码导引　2006.10　祝跃飞　张亚娟　著	
104	椭圆与超椭圆曲线公钥密码的理论与实现　2006.12　王学理　裴定一　著	
105	散乱数据拟合的模型方法和理论　2007.1　吴宗敏　著	
106	非线性演化方程的稳定性与分歧　2007.4　马　天　汪守宏　著	
107	正规族理论及其应用　2007.4　顾永兴　庞学诚　方明亮　著	
108	组合网络理论　2007.5　徐俊明　著	
109	矩阵的半张量积:理论与应用　2007.5　程代展　齐洪胜　著	
110	鞅与 Banach 空间几何学　2007.5　刘培德　著	
111	戴维–斯特瓦尔松方程　2007.5　戴正德　蒋慕蓉　李栋龙　著	
112	非线性常微分方程边值问题　2007.6　葛渭高　著	
113	广义哈密顿系统理论及其应用　2007.7　李继彬　赵晓华　刘正荣　著	
114	Adams 谱序列和球面稳定同伦群　2007.7　林金坤　著	
115	矩阵理论及其应用　2007.8　陈公宁　著	
116	集值随机过程引论　2007.8　张文修　李寿梅　汪振鹏　高　勇　著	
117	偏微分方程的调和分析方法　2008.1　苗长兴　张　波　著	
118	拓扑动力系统概论　2008.1　叶向东　黄　文　邵　松　著	
119	线性微分方程的非线性扰动(第二版)　2008.3　徐登洲　马如云　著	
120	数组合地图论(第二版)　2008.3　刘彦佩　著	
121	半群的 S-系理论(第二版)　2008.3　刘仲奎　乔虎生　著	
122	巴拿赫空间引论(第二版)　2008.4　定光桂　著	
123	拓扑空间论(第二版)　2008.4　高国士　著	
124	非经典数理逻辑与近似推理(第二版)　2008.5　王国俊　著	
125	非参数蒙特卡罗检验及其应用　2008.8　朱力行　许王莉　著	
126	Camassa–Holm 方程　2008.8　郭柏灵　田立新　杨灵娥　殷朝阳　著	
127	环与代数(第二版)　2009.1　刘绍学　郭晋云　朱　彬　韩　阳　著	
128	泛函微分方程的相空间理论及应用　2009.4　王　克　范　猛　著	
129	概率论基础(第二版)　2009.8　严士健　王隽骧　刘秀芳　著	
130	自相似集的结构　2010.1　周作领　瞿成勤　朱智伟　著	

131	现代统计研究基础	2010.3	王启华　史宁中　耿　直　主编	
132	图的可嵌入性理论(第二版)	2010.3	刘彦佩　著	
133	非线性波动方程的现代方法(第二版)	2010.4	苗长兴　著	
134	算子代数与非交换 L_p 空间引论	2010.5	许全华　吐尔德别克　陈泽乾　著	
135	非线性椭圆型方程	2010.7	王明新　著	
136	流形拓扑学	2010.8	马　天　著	
137	局部域上的调和分析与分形分析及其应用	2011.6	苏维宜　著	
138	Zakharov 方程及其孤立波解	2011.6	郭柏灵　甘在会　张景军　著	
139	反应扩散方程引论(第二版)	2011.9	叶其孝　李正元　王明新　吴雅萍　著	
140	代数模型论引论	2011.10	史念东　著	
141	拓扑动力系统——从拓扑方法到遍历理论方法	2011.12	周作领　尹建东　许绍元　著	
142	Littlewood-Paley 理论及其在流体动力学方程中的应用	2012.3	苗长兴　吴家宏　章志飞　著	
143	有约束条件的统计推断及其应用	2012.3	王金德　著	
144	混沌、Mel'nikov 方法及新发展	2012.6	李继彬　陈凤娟　著	
145	现代统计模型	2012.6	薛留根　著	
146	金融数学引论	2012.7	严加安　著	
147	零过多数据的统计分析及其应用	2013.1	解锋昌　韦博成　林金官　编著	
148	分形分析引论	2013.6	胡家信　著	
149	索伯列夫空间导论	2013.8	陈国旺　编著	
150	广义估计方程估计方法	2013.8	周　勇　著	
151	统计质量控制图理论与方法	2013.8	王兆军　邹长亮　李忠华　著	
152	有限群初步	2014.1	徐明曜　著	
153	拓扑群引论(第二版)	2014.3	黎景辉　冯绪宁　著	
154	现代非参数统计	2015.1	薛留根　著	
155	三角范畴与导出范畴	2015.5	章　璞　著	
156	线性算子的谱分析(第二版)	2015.6	孙　炯　王　忠　王万义　编著	
157	双周期弹性断裂理论	2015.6	李　星　路见可　著	
158	电磁流体动力学方程与奇异摄动理论	2015.8	王　术　冯跃红　著	
159	算法数论(第二版)	2015.9	裴定一　祝跃飞　编著	
160	有限集上的映射与动态过程——矩阵半张量积方法	2015.11	程代展　齐洪胜　贺风华　著	
161	偏微分方程现代理论引论	2016.1	崔尚斌　著	
162	现代测量误差模型	2016.3	李高荣　张　君　冯三营　著	

163	偏微分方程引论　2016.3	韩丕功　刘朝霞　著
164	半导体偏微分方程引论　2016.4	张凯军　胡海丰　著
165	散乱数据拟合的模型、方法和理论(第二版)　2016.6	吴宗敏　著
166	交换代数与同调代数(第二版)　2016.12	李克正　著
167	Lipschitz 边界上的奇异积分与 Fourier 理论　2017.3	钱　涛　李澎涛　著
168	有限 p 群构造(上册)　2017.5	张勤海　安立坚　著
169	有限 p 群构造(下册)　2017.5	张勤海　安立坚　著
170	自然边界积分方法及其应用　2017.6	余德浩　著
171	非线性高阶发展方程　2017.6	陈国旺　陈翔英　著
172	数理逻辑导引　2017.9	冯　琦　编著
173	简明李群　2017.12	孟道骥　史毅茜　著
174	代数 K 理论　2018.6	黎景辉　著
175	线性代数导引　2018.9	冯　琦　编著
176	基于框架理论的图像融合　2019.6	杨小远　石　岩　王敬凯　著
177	均匀试验设计的理论和应用　2019.10	方开泰　刘民千　覃　红　周永道　著
178	集合论导引(第一卷：基本理论)　2019.12	冯　琦　著
179	集合论导引(第二卷：集论模型)　2019.12	冯　琦　著
180	集合论导引(第三卷：高阶无穷)　2019.12	冯　琦　著
181	半单李代数与 BGG 范畴 $\mathcal{O}$　2020.2	胡　峻　周　凯　著
182	无穷维线性系统控制理论(第二版)　2020.5	郭宝珠　柴树根　著
183	模形式初步　2020.6	李文威　著
184	微分方程的李群方法　2021.3	蒋耀林　陈　诚　著
185	拓扑与变分方法及应用　2021.4	李树杰　张志涛　编著
186	完美数与斐波那契序列　2021.10	蔡天新　著
187	李群与李代数基础　2021.10	李克正　著
188	混沌、Melnikov 方法及新发展(第二版)　2021.10	李继彬　陈凤娟　著
189	一个大跳准则——重尾分布的理论和应用　2022.1	王岳宝　著
190	Cauchy–Riemann 方程的 L^2 理论　2022.3	陈伯勇　著
191	变分法与常微分方程边值问题　2022.4	葛渭高　王宏洲　庞慧慧　著
192	可积系统、正交多项式和随机矩阵——Riemann–Hilbert 方法　2022.5	范恩贵　著
193	三维流形组合拓扑基础　2022.6	雷逢春　李风玲　编著
194	随机过程教程　2022.9	任佳刚　著
195	现代保险风险理论　2022.10	郭军义　王过京　吴　荣　尹传存　著
196	代数数论及其通信应用　2023.3	冯克勤　刘凤梅　杨　晶　著

197　临界非线性色散方程　2023.3　苗长兴　徐桂香　郑继强　著
198　金融数学引论(第二版)　2023.3　严加安　著
199　丛代数理论导引　2023.3　李 方　黄 敏　著
200　$\mathcal{PT}$ 对称非线性波方程的理论与应用　2023.12　闫振亚　陈 勇　沈雨佳　温子超　李昕　著
201　随机分析与控制简明教程　2024.3　熊 捷　张帅琪　著
202　动力系统中的小除数理论及应用　2024.3　司建国　司 文　著
203　凸分析　2024.3　刘 歆　刘亚锋　著
204　周期系统和随机系统的分支理论　2024.3　任景莉　唐点点　著
205　多变量基本超几何级数理论　2024.9　张之正　著
206　广义函数与函数空间导论　2025.1　张 平　邵瑞杰　编著
207　凸分析基础　2025.3　杨新民　孟志青　编著
208　不可压缩 Navier–Stokes 方程的吸引子问题　2025.3　韩丕功　刘朝霞　著
209　Vlasov–Boltzmann 型方程的数学理论　2025.3　李海梁　钟明溁　著
210　随机反应扩散方程　2025.3　王常虹　苏日古嘎　考永贵　夏红伟　著
211　加乘数论　2025.6　蔡天新　著